U0916880

纳米银复合材料的制备及其红外辐射性能研究

Study on Preparation and Infrared Radiation Properties of Nanosized Silver Composites

叶晓云　著

科 学 出 版 社

北 京

内 容 简 介

本书以低维功能金属/无机纳米复合材料为主要研究对象，对新型纳米银复合材料的制备与红外辐射性能进行了研究和探讨。主要内容包括核壳型纳米复合材料的制备方法及核壳型特殊结构对材料红外辐射性能的影响；不同形貌的氧化锌和氧化锌/银复合材料的生长机理和红外辐射性能；生物驻极体胶原基金属/氧化物核壳粒子复合物的制备与红外辐射性能。

本书可供高等学校相关专业的本科生及研究生作为教学用书或参考书，也可作为从事相关专业研究人员的参考书。

图书在版编目(CIP)数据

纳米银复合材料的制备及其红外辐射性能研究 / 叶晓云著. —北京：科学出版社，2017.11
ISBN 978-7-03-055111-5

Ⅰ. ①纳… Ⅱ. ①叶… Ⅲ. ①银—纳米材料—复合材料—材料制备②银—纳米材料—复合材料—红外辐射—性能—研究 Ⅳ. ①TB383

中国版本图书馆 CIP 数据核字(2017)第 268747 号

责任编辑：王艳丽 王 威
责任印制：谭宏宇 / 封面设计：殷 靓

科学出版社 出版
北京东黄城根北街 16 号
邮政编码：100717
http：//www.sciencep.com
南京展望文化发展有限公司排版
广东虎彩云印刷有限公司印刷
科学出版社发行 各地新华书店经销
*
2017 年 11 月第 一 版 开本：B5(720×1000)
2021 年 2 月第四次印刷 印张：7 3/4
字数：137 000

定价：72.00 元

(如有印装质量问题，我社负责调换)

Foreword | 前 言

随着红外探测技术的提高，与之相对抗的红外隐身技术也取得了长足进步。红外低发射率材料已成为继雷达吸波材料之后隐身材料研究中的一个重要内容。隐身材料向着“薄、轻、宽、强”的方向发展。纳米材料具有良好的吸波特性，同时具备厚度薄、质量轻、频带宽、适应性强等特点，为红外低发射率材料的研究开辟了一条新的道路。其中，纳米复合材料将两种基本单元通过多种相互作用(如静电力、氢键、共价键等)组合在一起，具备单一材料无法比拟的特性，在光、电、磁、化学活性等方面呈现多样的优异特性。新型纳米复合材料的研制和发展将成为红外隐身材料研究中的一个重要内容。红外低发射率涂料一般由颜料、黏合剂和其他助剂混合调制而成。其中，颜料是影响涂层红外隐身性能的重要因素之一。因此，设计新型纳米复合颜料以有效改善目标的红外低发射率性能是红外隐身领域的热点。

本书第 1 章阐述纳米材料的发展，简述红外隐身材料的概况及研究意义；第 2 章研究二氧化硅(SiO_2)包覆银(Ag)和二氧化钛(TiO_2)包覆银(Ag)核壳纳米复合材料；第 3 章研究二氧化硅/银/二氧化钛(SiO_2/Ag/TiO_2)多层核壳复合材料；第 4 章研究二氧化硅/二氧化钛/银(SiO_2/TiO_2/Ag)多层核壳复合材料；第 5 章研究二氧化硅/二氧化锆/银(SiO_2/ZrO_2/Ag)多层核壳复合材料；第 6 章研究不同形貌氧化锌(ZnO)的制备技术与红外性能；第7章研究氧化锌/银(ZnO/Ag)复合材料；第8章研究胶原基纳米复合材料。

本书主要汇集了作者多年从事红外隐身材料的研究成果，得到了国家自然科学基金项目（50377005、61605027）、福建省自然科学基金项目（2009J05109、2012J01186）、福建省高校产学合作重大项目（2017H6001）、福建工程学院科研发展基金项目（GY-Z15100）等经费的共同资助。目前，国内有关红外隐身材料的专著较少，本书既具有较高的理论参考价值，又有较为广泛的应用价值。

本书限于作者水平，书中难免存在不妥与疏漏之处，敬请读者给予批评指正。

著　者

2017年9月

Contents | 目 录

第1章

绪　论

随着探测器和图像处理过程的日益复杂、精确，以及红外探测的全天候性、隐蔽性和被动特性，红外侦察和红外制导系统对各种军事目标的威胁越来越大，如海湾战争中美国击落的飞机，有40%是由红外制导的空空导弹击中的[1]。红外探测技术在不断发展，与之相对抗的红外隐身技术也取得了很大进步。红外隐身技术已经成为继雷达吸波材料之后吸波材料研究中的一个重要内容。隐身材料是隐身技术发展的关键。一般来说，用于红外隐身的材料应具有以下基本特性：第一，具有符合要求的热红外发射率或较强的控温能力；第二，具有合理的表面结构；第三，能与其他波段的隐身要求兼容[2]。由于现代侦察和制导技术的多元化，上述隐身材料特性中的第三项也显得尤为突出，即隐身材料必须具有多波段对抗能力。例如，隐身材料在具有较低的红外发射率即高反射率的同时，还要对抗微波侦察即对微波具有较低的反射率即高吸收率。然而一种材料很难满足多重要求，如具有较低红外发射率的金属粒子、金属片、导电高聚物等，虽然能对抗红外侦察，但在雷达波的照射下由于具有高的反射能力因而会显形。目前，各国科研工作者正在加紧研制高性能的多波段红外隐身材料。

隐身材料向着“薄、轻、宽、强”的方向发展。纳米材料因其具有极好的吸波特性，同时具备了厚度薄、质量轻、频带宽、适应性强等特点，美、俄、法、德、日等世界军事发达国家都把纳米材料作为新一代隐身材料加以研究和探索[3]。近几十年来，纳米科技的日益发展为红外低发射率材料的研究开辟了一条新的道路。其中，复合材料将两种基本单元通过多种相互作用(如静电力、氢键、共价键、生物特异性识别等)组合在一起，具备单一材料不具有的许多特殊性能，在磁性、光学性能、电磁波吸收和化学活性等方面呈现多种多样的优异特性。复合材料中的纳米粒子可分为金属和非金属,非金属包括无机物和有机高分子等;按相结构可分为双相和多相;按原子排列的对称性和有序程度可分为晶态、非晶态、准晶态。新型纳米复合材料的研制和发展将成为红外隐身材料研究中的一个重要内容。

1.1 纳米材料

1.1.1 纳米材料的概念

纳米材料是指粒子尺寸在纳米(10^{-9} m)数量级,介于宏观物体和原子簇之间且粒子直径一般在 1～100 nm[4]。从宏观和微观来看,纳米材料既非典型的宏观系统,也非典型的微观系统,是一种典型的介观系统,具有表面效应、体积效应、量子尺寸效应和宏观量子隧道效应等,因而具有许多奇异的光学、热学、电学、磁学、力学以及化学方面的性质。如导电性能良好的铜在纳米级不导电了;而绝缘的二氧化硅做成纳米线时就开始导电了;二氧化硅陶瓷在通常情况下是很脆的,但当粒子尺寸缩小到纳米级时,脆性的陶瓷竟然具有了韧性。由于纳米材料的特异功能,使其在国防、电子、化工、冶金、航空、轻工、通讯、仪表、传感器、生物、核技术、医疗保健等领域有着广阔的应用前景,科学家们把纳米材料誉为“21 世纪最有前途的材料”。

1.1.2 纳米材料的特点

1. *表面效应*

纳米材料的表面效应是指纳米粒子的表面原子数与总原子数之比随粒径的变小而急剧增大并引起的性质上的变化。当粒子处在小尺度区域,其表面原子所占的比例会增大,随着粒子的减小,表面原子数会不断增加,并形成晶格畸变,出现晶格常数变小、吸收峰蓝移。如体相金键长为 2.878 Å,而 55 个金原子聚合成团簇时,其键长为 2.803 Å。研究表明(见表 1－1),当纳米粒子的粒径小于 1 nm,表面原子的比例将迅速增加。当粒径降到 1 nm 时,表面原子数比例达到 99%,原子几乎全部集中到纳米粒子的表面。纳米粒子表面原子与内部原子所处的环境不同,前者的周围缺少相邻的原子,有许多悬空键,具有不饱和性质,易与其他原子结合而稳定下来,故具有很大的化学活性,不但引起纳米粒子表面原子输运和构型的变化,而且引起表面电子自旋构象、电子能级以及各种光学性质的变化[5]。

表1-1 粒子表面的原子数与粒径的关系

粒径(nm)	包含原子总数(个)	表面原子所占比例(%)
20	2.5×10^5	10
10	3.0×10^4	20
5	4.0×10^3	40
2	2.5×10^2	80
1	30	99

2. 量子尺寸效应

能带理论表明,在高温或宏观尺寸情况下,物质费米能级附近的电子能级往往是连续的,即大粒子或宏观物体的能级间距几乎为零。但当粒子尺寸下降到某一值(如达到纳米级)时,金属费米能级附近的电子能级由准连续变为离散能级的现象,以及纳米半导体粒子存在不连续的最高被占据分子轨道和最低未被占据的分子轨道能级,能隙变宽现象均称为量子尺寸效应[6]。1962年,久保等采用单电子模型求得金属超微粒子的能级间距 $\delta=4E_F/3N$,其中 E_F 为费米能级,N 为微粒中的总原子数。显然,当 $N\to\infty$ 时,$\delta\to0$,即对大粒子或宏观物体,能级间距几乎为0;而对于纳米粒子,由于 N 为有限值,δ 就有一定的值,即能级间发生了分裂,这就是著名的久保效应。在纳米粒子中处于分立的量子化能级中的电子的波动性带来了纳米粒子的一系列特殊性质,如高的光学非线性、特异的催化和光催化性质等。

3. 小尺寸效应

当纳米粒子的尺寸与光波波长、德布罗意波长以及超导态的相干长度或磁场透射深度等物理特征尺寸相当或更小时,晶体周期性的边界条件将被破坏,非晶态纳米粒子表面层附近原子密度减小,声、光、电、磁、热力学等物性呈现显著变化,如光吸收显著增加,超导相向正常相、磁有序态向磁无序态的转变,声子谱发生改变,金属熔点降低,增强微波吸收等。利用等离子共振频移随粒子尺寸变化的性质,可以改变粒子尺寸,控制吸收边的位移,制造具有一定频宽的微波吸收纳米材料,用于电磁波屏蔽、隐形飞机等。

4. 宏观量子隧道效应

微观粒子具有贯穿势垒的能力称为隧道效应。近年来,人们发现一些宏观量,如超微粒的磁化强度,量子相干器件中的磁通以及电荷等也具有隧道效应[7],它们可以穿越宏观系统的势垒而发生变化,故称为宏观量子隧道效应(macroscopic quantum tunneling)。

1.1.3 纳米材料的制备方法

1. 化学气相沉积法(CVD)

气相沉积法分为物理气相沉积法和化学气相沉积法。物理气相沉积法是在低压的惰性气体中加热欲蒸发的物质,使之气化或形成等离子体,再在惰性气体中冷凝成纳米粒子。加热源可以是电阻、高频感应、电子束或激光等,其中以真空蒸发法最为常用。化学气相沉积法采用与物理气相沉积法相同的加热源将原料转化为气相,再通过化学反应生成所需要的化合物。CVD 方法最先被用来制备碳纳米管,随后被发展用来制备金属氧化物等的纳米线、纳米棒。

2. 激光烧蚀法

利用激光在特定的气氛下照射靶材将其蒸发,同时结合一定的反应气体,在基底或反应腔壁上沉积出纳米线(管)。采用气-液-固(VLS)生长机制合成一维纳米材料,可以通过调节催化剂颗粒的大小、反应时间来调节最终产物的直径和长度[8]。VLS 生长机制通常需要适宜的温度,催化剂处于液态,与来自气相的目标材料的组元互溶形成液态共溶物,当目标组元的浓度达到过饱和后将以界面能最低的方式不断析出,从而形成一维纳米结构。这一推测已被 Yang 等人通过 Ge 和 GaN 纳米线生长过程的原位透射电镜结果所证实[9]。

3. 液相合成法

液相合成方法因其所需仪器设备简单,合成条件温和,正在引起广泛的兴趣。近年来许多溶液相合成方法如自组装、低温氧化还原、水热反应及溶剂热反应等被用来制备各种类型的纳米材料。“水热”一词的出现是在约 100 年前,起初是地质学中专门用来描述水在温度和压力共同作用下的自然过程,后来在化学过程中得到应用。水热法为各种前驱物的反应和结晶提供了一个在常压条件下无法得到的、特殊的物理和化学环境。近年来,该领域发展起来的新技术主要有微波水热法、超临界法、水热反应法和反应电极埋弧法等。水热法是指在特制的密闭反应容器(高压釜)中,采用水溶液作为反应体系,通过对反应体系加热而产生高压,从而进行无机材料的合成与制备。在水热法中,液态或气态是传递压力的介质。在高压下,绝大多数的反应物能部分溶解于水,促使反应在液相或气相中进行[10]。水热合成反应温度在 25～200℃的,通常称为低温水热合成反应;反应温度在 200℃以上的,称为高温合成反应。比较而言,低温水热合成反应更加受人青睐。一方面可以得到处于非平衡状态的介稳相物质;另一方面,由于反应温度较低,为产品的大规模工业生产提供了有利的条件。与传统的无机材料的制备方法相比,水热反应法具有以下几个优点：

(1) 反应温度低，反应活性高；

(2) 由于水热条件下存在特殊的中间态以及特殊聚合态，因而能合成出特种结构、凝聚态的新化合物(包括一些亚稳态化合物)；

(3) 水热的低温条件有利于合成低熔点化合物、高蒸汽压且不能在熔融体中生成的物质以及高温分解相；

(4) 水热合成的低温、高压的溶液条件下，有利于生成具有平衡缺陷浓度、规则取向、晶形完好的晶体材料，且合成产物的纯度高，易于控制产物晶体的粒度；

(5) 易于调节水热。

由于上述优点，近年来水热合成成为制备纳米材料的一个有力工具，目前被广泛用来制备金属、氧化物、硫化物、稀土化合物等纳米结构的材料。如利用联肼在100℃回流下还原亚锡酸可以得到晶格化的Se纳米线和Se/Te合金纳米棒。通过水热或溶剂热反应可以制备许多Ⅱ～Ⅵ半导体纳米线或纳米棒，如CdS、ZnS、CdSe，ZnSe等。还有许多稀土氧化物纳米线、二氧化锰纳米线、氧化钒纳米管、氧化钼纳米带等。在水热处理过程中，温度、压力、处理时间、溶媒的成分、pH值、所用前驱物的种类、有无矿化剂以及矿化剂的种类对粉末的粒径和形貌有很大的影响。

4. 模板剂法

模板剂法是最常用的制备方法，被广泛地用来制备各种纳米粒子、纳米线、纳米棒及纳米管[11,12]。模板剂法因具有孔径可调、形状可控等优点而成为非常有效的合成方法，但该方法通常导致多晶材料的形成，结果限制了材料性能的测试及在实践上的应用。近年来，一些单晶有序的纳米线也通过该方法合成。模板剂的类型大致可以分为“硬模板”和“软模板”两大类。硬模板剂通常只是起空间限定作用，而软模板剂有时还能通过化学作用或超分子识别对反应物和模板剂之间的作用过程提供进一步的控制。

硬模板剂法是用孔径为纳米级到微米级的多孔材料作为模板，如中孔二氧化硅、多孔氧化铝、碳纳米管以及经过特殊处理的多孔高分子薄膜等，结合电化学沉积、化学沉积、现场聚合、溶胶-凝胶法和化学气相沉积等技术，使物质原子或离子沉积在模板的孔壁上形成所需的纳米结构体或纳米管。用该方法所制作的纳米材料具有与模板孔腔相似的结构特征，并且若模板孔径的均匀性较好，所合成的纳米材料的均匀性就好，这是该制作技术的一个优势。用模板合成法能合成多种材料，如导电聚合物材料、金属、半导体、碳和其他材料的纳米管和纳米纤维等。软模板剂则常为由表面活性剂分子聚集而成的胶束、反向胶束等。常用的模板有表面活性剂模板、微乳液模板、分子模板和溶剂模板。Xie 等[13]利用水热反应通过 $NiCl_2$ 和 $Na_2S_2O_3$ 制取 NiS 纳米须时，在反应过程中加入表面活性剂 $C_{17}H_{33}COOK$。Kapoor 等[14]通过混合烷基三亚甲基溴化铵和聚乙氧基醚这两种表面活性剂，来调节有机硅在碱性介质中的缩聚度，制备了形貌可调的中孔结构硅材料。在高压条件下的超临界 CO_2/H_2O[15]体系所形成的微乳液模板是近期发展的一种新体系，CO_2 具有无毒且不易燃、常压下很容易转化为气相、易于除去的优点，是一种很有潜力的微乳液模板方法。

5. 其他合成方法

随着纳米技术的发展，许多技术被发展用来制备纳米材料。除上述几种外，还有如固相反应法、溶胶-凝胶法(Sol-Gel)、电化学法、电弧放电法、软刻蚀法、微波法、辐射合成法和超声化学法等。

1.1.4 低维纳米材料

低维纳米材料是纳米材料的一个重要组成部分，通常是指材料的线度比电子的德布罗意波长或电子的平均自由程短(或相当)的材料，即电子在运动时受到了限制的材料，其中包括量子点材料(零维材料)，如纳米粒子、原子团簇等；量子线材料(一维材料)，包括纳米线、纳米棒、纳米管、纳米带等；量子阱材料(二维材料)，如超薄膜、多层膜、纳米片、超晶格等。当功能材料和元件的尺寸逐渐减小甚至达到纳米量级时，其物理长度与电子自由程相当，载流子的输运将呈现显著的量子力学特性，需要对与低维相关联的量子尺寸限制效应和低维材料进行深入的研究。

1. 零维纳米材料

纳米材料发展之初通过各种合成手段来制备纳米粒子。到目前为止，各式各样的纳米粒子如金属、氧化物、硫化物、无机盐、聚合物等纳米粒子均被广泛地研究。其中，因金属纳米粒子具有光、电、电化学和电磁方面的特性而被研究得最多。比如，含金的胶态悬浮体随着纳米金粒子直径的不同而呈现出不同的颜色，该特性可用于做装饰材料或应用于其他方面。近年来，大量的工作聚焦在发展自下而上的方法制备颗粒尺寸小且分布均匀的纳米粒子。另外，由纳米粒子组装而成的二维或三维超晶格结构，因其在光、电、磁等方面的优异性能也引起了研究者们巨大的研究兴趣。许多纳米粒子的二维或三维超晶格结构已被广泛报道。如 Au[16]、Ag[17]、Co[18]、合金[19]和 CdSe[20]等量子点和球形纳米粒子等组装而成的超晶格结构。

2. 一维纳米材料

一维纳米材料是指在两维方向为纳米尺度，长度比上述两维方向上的尺度大得多，甚至为宏观量的新型纳米材料。自从1991年日本NEC公司Ijima发现碳纳米管以来，一维纳米材料（纳米线、纳米棒、纳米管）就引起了科学家们极大的研究兴趣。一维（1D）纳米材料因具有不同的形状如线、棒和管等，呈现出一系列优异的力、光、电、声、磁、热、吸波等性质，在基础研究和实际应用中具有广阔的应用前景，成为纳米材料家族中一类引人瞩目的群体。目前，许多一维纳米线、纳米棒、纳米管结构被制备研究，包括Ni、Co、Ag、Au、Fe、Ge等[21]金属纳米线，CdS[22]、CdSe[23,24]等半导体纳米线和纳米棒，ZnO[25]、In_2O_3[26]等氧化物纳米线，C[27]、Au[28]、SiO_2[29]、TiO_2[30,31]等纳米管。

除了上述的零维和一维纳米材料，二维纳米膜及纳米片材料也吸引了大量的研究兴趣。由纳米粒子组装成的二维结构也被大量研究。

1.1.5 氧化锌低维材料

氧化锌（ZnO），俗称锌白，为白色或浅黄色的晶体或粉末，无毒、无臭，为两性氧化物，不溶于水和乙醇，可溶解于强酸和强碱，在空气中能吸收二氧化碳和水。ZnO为Ⅱ～Ⅵ族化合物，是一种宽禁带直接带隙半导体材料，室温下禁带宽度为3.37 eV。ZnO为六方晶系纤锌矿结构，每个Zn原子与4个O原子按四面体排布，其晶格常数为：$a=0.325$ nm，$c=0.52$ nm。ZnO低维材料作为一种新的结构材料开辟了各种各样新的应用领域。随着MBE、MOCVD等先进制造技术的出现，科研人员制备出了许多特殊形态的ZnO低维材料，如纳米带、纳米线、纳米管、纳米棒和纳米柱。下面分别介绍低维ZnO材料制备方面的最新进展。

1. 氧化锌纳米粒子

制备ZnO纳米粒子主要采用气相法和液相法。前者主要通过Zn蒸气在氧气中直接氧化，或者在真空（或惰性气氛）中，高温加热利用喷雾法导入的$Zn(NO_3)_2$使其热分解，最后生成纳米ZnO。而液相法又可分为均匀沉淀法、直接沉淀法、溶胶-凝胶法等。直接沉淀法是在金属盐溶液中加入沉淀剂后，在一定的条件下将沉淀析出，除去阴离子后加热，制得纳米氧化物。常见的沉淀剂有：氨水（$NH_3 \cdot H_2O$）、碳酸铵[$(NH_4)_2CO_3$]、碳酸钠（Na_2CO_3）、草酸铵[$(NH_4)_2C_2O_4$]、碳酸氢铵（NH_4HCO_3）等。均匀沉淀法是利用某一化学反应使沉淀剂在整个溶液中均匀释放构晶离子，并使沉淀在整个溶液中缓慢均匀地析出。常用的沉淀剂有：尿素[$CO(NH_2)_2$]、六次甲基四胺[$(CH_2)_6N_4$]。溶胶-凝胶法（sol-gel）主要是用锌盐与有机醇反应生成前驱体，加入碱反应得到原生 ZnO 胶体，通过脱水、干燥处理得到纳米 ZnO。

2. 氧化锌纳米棒(线、带)

纳米棒(线、带)属于一维实心的纳米材料，即在二维方向上为纳米尺度，长度比二维方向上的尺度大得多，有可能为宏观量，而纵横比(aspect ratio)小于 10 的通常称为纳米棒，纵横比大于 10 的称为纳米线。目前，关于一维纳米 ZnO 的制备的报道较多，常用的方法有气相法、直接沉淀法、水热法、超声化学法等，下面分别介绍之。

1) 气相法

通过贵金属催化和高温气化两种气相转移方法能够合成一维 ZnO 纳米结构。首先在高温下，反应物气体溶解到纳米尺寸的催化剂液滴中，接着成核、生长成纳米棒然后成线，最后被气体输运到较低温度衬底上。生长的温度一般在 900～1 100℃。根据其生长机理可分为气-液-固(vapor-liquid-solid, VLS)生长法和气-固(vapor-solid, VS)生长法。VLS 生长机制的主要思路是以液态金属团簇催化剂作为气相反应物的活性剂，将所要制备的一维纳米材料的原材料加热形成蒸气，然后随载流气体(主要用 Ar 气和 N_2)扩散到液态金属团簇催化剂的表面，当温度高于催化剂和反应物的共熔点时，催化剂和反应物就形成液态合金。当液态合金形成超饱和团簇状态时，沉积在固液界面上生长出相应的一维纳米材料。在气相合成中，常用的催化剂有 Au、Fe_2O_3、Se、Sn、Ni 等[32]。

除了 VLS 生长机理外，典型的 VS 晶体生长方法也可用于 ZnO 一维纳米材料的生长。VS 机制是将一种或几种反应物，在高温区通过加热形成蒸气，然后用惰性气流运送到反应低温区或者通过快速降温使蒸气直接沉积下来，生成一维纳米结构材料。这种方法又可以细分为固体粉末物理蒸发法和化学气相沉积法。Pan 等[33]采用热蒸发法成功制备了 ZnO 纳米带。分析结果表明，ZnO 纳米带为沿着[0001]方向生长的单晶。纳米带的宽度在 50～300 nm，且在其长度方向上，纳米带的宽度保持不变。和硅以及复合半导体线状结构相比，“纳米带”是迄今唯一被发现具有结构可控且无缺陷的宽带半导体一维带状结构。清华大学的 Wang 和 Zhang 等[34]采用物理气相沉积法在 C 轴取向的 ZnO 薄膜上合成了规则排列的 ZnO 纳米线阵列。C 轴取向的 ZnO 薄膜决定了 ZnO 纳米线的生长方向。另外，采用化学气相反应法制得了高度取向的 ZnO 纳米棒阵列[35]。大量的 ZnO 纳米管状结构也在湿氧环境下采用热蒸发法制得[36]。

从以上介绍可以看出，采用气相法虽然能制得各种形貌的 ZnO，且容易实现自组装，但生长条件比较苛刻，反应通常需要在1 000℃左右的高温下进行，难以大规模生产。

2）水热法

溶液化学提供了制备大量 ZnO 纳米棒的方法。ZnO 通常在碱性条件下获得。当在 Zn^{2+} 溶液中加入碱时，有沉淀生成，当碱量达到一定值时（$[Zn^{2+}]$ ∶ $[OH^-]$=1∶4），沉淀溶解，得到澄清溶液。同时，ZnO 晶体的形貌生长主要受两个因素的制约：添加剂和金属反荷离子。采用不同的添加剂和反荷离子得到的 ZnO 的形貌也不相同。例如，当选用锌的甲酸盐、醋酸盐和氯化物或以胺类（六亚甲基四胺、乙二胺、三乙醇胺等）为添加剂时，常形成棒状 ZnO，而以硝酸盐、高氯酸盐和胺类为添加剂时易得到线状 ZnO。

水热法又称为高温溶液法，其中包括温差法，这是一种简单易行的合成方法，也是目前应用得较多的合成 ZnO 一维纳米结构的方法。其基本原理是应用锌的含氧酸盐（如硝酸锌、醋酸锌等）和某些有机表面活性剂（如三乙醇胺、六亚甲基四胺等）的水溶液，通过加热到较高的温度（如 70～90℃）并保持一定的酸碱度，反应一段时间后得到 ZnO 的纳米棒、纳米管和其他一些结构。这其中通常采用十六烷基三甲基溴化铵（CTAB）、柠檬酸三钠（TCD）、乙二胺（EDA）、聚乙二醇（PEG）、十二烷基苯磺酸钠（DBS）等作为形貌控制剂。Vayssieres 等[37]在 $Zn(NO_3)_2$ 和 $(CH_2)_6N_4$ 混合溶液中采用简单的湿化学方法在衬底上生长出了高度取向的 ZnO 微米棒；Govender[38]先在导电玻璃上溅射一层金膜，然后再在 $Zn(Ac)_2$ 和 $Zn(NO_3)_2$ 和 $(CH_2)_6N_4$ 的溶液中生长 ZnO 棒。Hung 等[39]用十六烷基三甲基铵的氢氧化物（CTAOH）作为催化剂和表面活性剂，在醋酸锌的水溶液中通过溶胶-凝胶法在玻璃衬底制备 ZnO 薄层，然后将薄层作为衬底在硝酸锌和六亚甲基四胺的水溶液中生长出直径为 40～50 nm 的 ZnO 纳米棒，并且排列整齐。Boyle 等[40]先用一定配比的硝酸锌和三乙醇胺的水溶液制备一层均匀规则的 ZnO 颗粒薄层，再在该薄层上用醋酸锌和六亚甲基四胺的水溶液合成 ZnO 棒。实验中需注意 pH 值的调控，没调好则第一步得到的 ZnO 颗粒尺度和取向不均匀，致使第二步生长的 ZnO 棒也会杂乱无章。因为第一步的作用是抑制 ZnO 微晶形成孪晶的倾向，使其只是继续在原来成核的 ZnO 棒上结晶生长。Kang 等[41]在没有模板剂存在的条件下，在醇溶液中制得了大量一维 ZnO 结构。由于溶液法中的生长条件很多，有反应物、温度、生长时间和 pH 值等的影响，将在后面的章节中通过用化学溶液法制备的 ZnO 来讨论其生长机理。

3）其他制备方法

除了以上几种常用的制备方法外，还有很多其他制备一维 ZnO 材料的方法报道，如电化学沉积、超声化学法、微波反应法等[42-44]。

3. 其他氧化锌纳米结构

除了纳米线、纳米棒外，ZnO 还有许多特殊的纳米结构，如纳米花、纳米盘、纳米梳、纳米弹簧[45]等多种纳米结构陆续被报道。以 ZnO、In_2O_3 和石墨为原料，通过改变原料的含量比例从而使得 In∶Zn 流速比变化而获得不同形貌的 ZnO 纳米结构[46]。

1.2 纳米复合材料

1.2.1 纳米复合材料的概念

纳米复合材料是由两种或两种以上的固相物质[至少有一种在纳米级(1～100 nm)]复合而成的材料。这两种基本单元在材料中不是单一混合，而是通过多种相互作用(如静电、氢键、共价键、生物特异性识别等)组合在一起，既具有复合材料的多样性和协同效应，又具有纳米材料的特殊效应。通过复合，可以获得丰富的材料品种、奇异的材料性质。复合材料可以是无机与无机、有机与有机以及有机与无机材料的复合。制得的复合材料可以是纳米粒子或微米粒子，也可以是晶粒、薄膜或纤维。相对于常规材料，纳米复合材料通常具有更好的物理、化学、机械或其他性能，如热稳定性、高阻隔性、高导电性和优良的生物性能等，是近二十年来材料科学的研究热点。

纳米功能复合材料的种类繁多，其制备方法也各不相同，同一种功能复合材料可以采用几种方法制备，用一种方法也可以制备出几种不同功能的复合材料。常见的两类制备方法分别为① 物理复合法：机械研磨复合法、高能球磨法、共混法、高温蒸发法和异相凝聚法等；② 化学复合法：溶胶-凝胶法、沉淀法、溶剂蒸发法、微乳液法、气相沉积法、离子交换法、化学镀法、超临界流体法等。按照复合方式的不同，可以将复合材料分为包覆式(又称核壳式)和混合式两大类。本书中主要介绍了几种由金属和无机物组成的核壳结构材料。因此，下面主要介绍包覆式的核壳复合材料。

1.2.2 核壳纳米复合材料

在过去十几年里，材料科学不断朝着交叉领域的方向发展，由传统的化合物转向有机、无机、高分子及生物材料的杂化。在众多杂化复合材料中，核壳材料因其组成、大小和结构排列的不同而具有特殊的光、电、化学等特性，近年来备受科学家们的关注。核壳材料一般由中心的核以及包覆在外部的壳组成[47]。核壳部分可由多种材料组成，包括高分子、无机物和金属等。对于核与壳由两种不同物质通过物理或化学作用相互连接的材料，都可以称为核壳材料。包覆在颗粒外部的壳可以改变并赋予颗粒光、电、磁、催化和生物活性等性质。目前，已在纳米粒子的表面包覆了聚合物[48-50]、有机物[51]、无机化合物[52]、元素单质[53]等壳材料，改善了粒子的表面性能，增强了粒子的稳定性等，进一步拓宽了纳米材料的应用范围。根据核、壳的不同材料组成，核壳复合材料可以分为无机-无机、无机-有机、有机-有机和有机-无机等几类，下面分别介绍之。

1. 无机-无机核壳结构纳米复合粒子

1）金属/半导体型

早在1959年，美国杜邦(DuPont)公司就将 SiO_2 包覆在金属颗粒表面得到了不同导电能力的材料。目前，作为金属/半导体型核壳纳米复合粒子的核材料通常有Au、Ag等贵金属，壳层物质有 SiO_2[54]、TiO_2[55]、ZrO_2[56]、SnO_2[57]等。壳层与核材之间既可以是强的物理相互作用，也可以通过化学键连接。

通常，金属/半导体氧化物型核壳纳米粒子的核层和壳层间的相容性不是很理想，因此需使用偶联剂对内核粒子进行表面改性。在溶液中，Au表面没有形成氧化物膜，且常吸附碳酸或其他有机阴离子，使Au表面的亲和力较弱。Liz-Marzan等[58]首先利用柠檬酸钠还原法制备金溶胶，用 $NH_2(CH_2)_3Si(OCH_3)_3$ 作偶联剂对Au胶体粒子进行表面改性，在硅酸钠溶液中调节整个反应体系的pH为8～10，连续搅拌24 h，得到完整包覆的壳厚为2～4 nm的Au@SiO_2核壳纳米复合粒子。将核壳粒子转移到正硅酸乙酯(TEOS)的乙醇溶液中，利用Stöber[59]方法进一步生长 SiO_2，5 d后壳层显著增加，但此时无机物在介质中容易单独成相，生成单纯 SiO_2 粒子。对于这种方法，需要特别注意溶液的pH值和硅酸钠的浓度。pH值在8～10时最适合二氧化硅在金纳米粒子表面的包覆。因为在这个pH值范围内硅酸钠在溶液中的溶解性降低并且均匀覆盖核粒子的沉积率得到了优化，从而避免了在溶液中新的二氧化硅核的形成。在此基础上，Graf等[60]作了些改进，先在金胶体表面用聚乙烯吡啶进行改性，增加稳定性，在氨水存在的条件下，水解TEOS得到 SiO_2 壳层。Hall等[51]将获得的Au@SiO_2核壳粒子在含有机硅烷的TEOS的乙醇溶液中继续反应，使壳厚增加且在表面引入有机官能团。由于银离子的活泼性，在银纳米粒子表面得到均一的 SiO_2 壳层要比在金纳米粒子表面包裹 SiO_2 层困难。

由此可以看出，由于硅烷偶联剂具有两性结构的特点，借助偶联剂的化学架桥作用，容易把两种性质大不相同的材料结合起来，也拓宽了包覆层和被包覆层物质的选择范围。根据结晶学理论，异向成核的自由能比均相成核的自由能小。因此，适当控制反应条件，可以获得以胶体粒子为成核中心，在其表面沉积外壳材料的核壳纳米复合粒子，而避免不含内核的氧化物纳米粒子的生成。一般地，核壳纳米复合粒子是以内核与壳层间的化学或静电亲和作用为驱动力，但包覆过程存在三种竞争：① 直接沉积在内核粒子表面；② 沉积在已成膜的外壳表面并长大；③ 在溶液中自身结晶并长大。通过控制条件，充分利用前两个过程，抑制第三个过程地发生是制备包覆均匀且致密的核壳粒子的关键。

Lu 等[61]没有对 Au 胶体粒子进行表面改性，采用溶胶-凝胶法制备 SiO_2 球，得到 Au@SiO_2 核壳粒子。同时，Mine 等[62]通过传统的柠檬酸盐还原方法制备金纳米颗粒的同时，用 Stöber 方法制备 SiO_2 球，也获得了单个 Au 核的 Au@SiO_2 核壳纳米粒子。

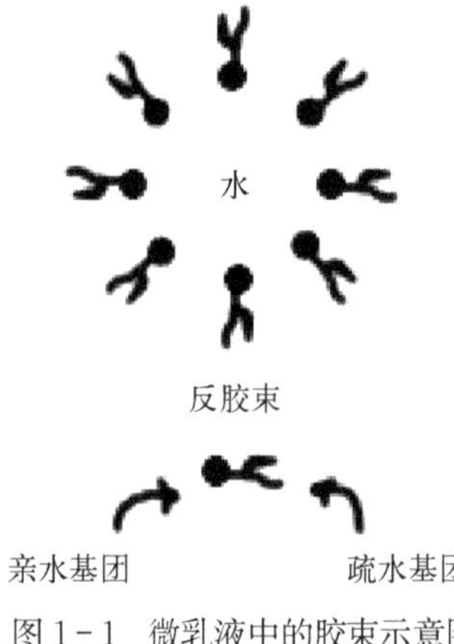

图 1-1　微乳液中的胶束示意图

油包水(W/O)型微乳液体系中由表面活性剂和助表面活性剂形成的大小约十到几十纳米的水核，即通常所说的“微型反应器”(图 1-1)，为纳米粒子的制备提供了一个理想环境。目前，使用微乳液法已经合成得到了 Ag@SiO_2[63]、Ag@TiO_2 核壳纳米复合粒子。微乳液法能通过调节微乳液的 R 值和前驱物的浓度，有效实现对核壳纳米复合粒子中核尺寸和壳厚度这两个因素的控制。用 $AgNO_3$ 在环己烷/环己醇/氨水存在的条件下反应得到 Ag 纳米粒子，再加入 TEOS，在紫外光的照射下反应一段时间，也可以得到粒径分布比较均匀的 Ag@SiO_2 核壳结构纳米粒子[64]。相似体系下，Zhang 等[55]在由 OP10 和 Span80 两种非离子表面活性剂组成的微乳液中，用葡萄糖还原 Ag^+，钛酸丁酯(TOB)在微乳液的油水界面水解凝聚，形成 Ag@TiO_2。

一般地，合成金属/氧化物核壳纳米粒子分为金属离子在还原剂存在下还原得到金属胶体核和无机材料在核表面的包覆这两个步骤。一步法把金属核的还原和无机外壳的沉积包覆两步结合，金属离子还原的同时，包覆物的前驱体缓慢释放，获得金属/氧化物核壳纳米粒子。

金属内核和半导体氧化物外壳在同一实验环境中形成，而且要保证壳层物质包覆于核材料表面，这就要求金属离子的还原速度大于氧化物粒子的形成速度，避免形成氧化物交联网络而生成没有内核的氧化物颗粒。因此，对反应物浓度的控制是一步法制备完整包覆的核壳纳米粒子的关键。

2）半导体/金属型

金属纳米粒子由于比表面积大，表面能高，容易发生聚集。因此，人们尝试将金属纳米粒子分散沉积在半导体纳米粒子（如 SiO_2）表面。通过此方法，既保持了金属的稳定性，又获得了单一物质没有的特殊性能，如光学可调性[65]、催化性能[66]、光学非线性增强效应[67]等。这些优良性能主要来源于核壳粒子中金属纳米粒子的表面等离子共振，表面等离子共振增强了金属粒子内部及其周围附近区域的电磁场，从而使材料表现出各种优良的特性。金属介电核壳结构复合粒子（如 SiO_2@Ag）通过剪裁内核的直径和壳层厚度的比值，能表现出可调的光学性质，可用于开发光子晶体材料，实现对光的操作。其中，包覆纳米银的研究较为广泛。银负载在 SiO_2 等介电材料上，由于其周围介质的改变而使等离子吸收峰位置发生位移，对开发新的光功能材料有重要的意义。Kobayashi 等[68]用 Sn 功能化的 SiO_2 胶体为前驱体制备银壳的包覆结构，但没有得到完整的金属壳层。用含氨基硅烷偶联剂使 SiO_2 表面带正电，与带负电荷的 Au 胶体静电吸引，可以得到 Au 功能化的 SiO_2 胶体。然后以 Au 胶粒为核，在 K_2CO_3、氨水存在的条件下还原 $HAuCl_4$，最后在 SiO_2 球表面沉积一层金壳[69]。Pol 等[70]用超声化学法将 Ag 沉积在 SiO_2 表面，得到 SiO_2@Ag。采用化学沉积法[71]，利用 Sn^{2+} 作还原剂附着在 SiO_2 表面，再加入适量的银离子，在核表面发生氧化-还原反应，形成银沉积。通过循环反应次数，能得到完整包覆的银壳，并有效控制 SiO_2 表面银壳的厚度。近年来，Xu 等[72]成功地在磁性 Fe_3O_4 上包覆 Au 壳，并进一步形成 Fe_3O_4/Au/Ag 多层包覆型纳米复合粒子。

3）半导体/半导体型

两种或两种以上半导体材料在纳米尺度上复合材料的制备和性能研究是纳米材料科学研究的热点之一。多种无机半导体材料层层包覆得到的核壳粒子能获得单组分粒子不具有的特殊性能，以 TiO_2 为例，由于尺寸小，比表面积大，原子配位不足，从而导致活性位置增加，这就使其具有较高的催化活性，但另一方面又存在着诸如分散性差、易团聚、易失活、难以回收等缺点，限制了它的应用。因此，通常将 TiO_2 负载在 SiO_2 或 Al_2O_3 的表面。而 $\gamma-Fe_2O_3$ 只在强酸或强碱溶液中有较好的分散性，表面用 SiO_2 进行修饰后，能在较大 pH 范围内稳定。同时如对 SiO_2 表面进一步接枝聚合，又可提高其在有机溶液中的分散性[73]。

早期,人们曾先后用硫酸钛的 H_2SO_4溶液和 $TiCl_4$为前驱物制备 SiO_2@TiO_2核壳粒子,由于前驱物的活性高,水解沉积速度难以控制,都没有得到完整包覆的核壳结构,且形状不规则。Srinivansan 等[74]在氮气气氛下的钛酸异丁酯四氢呋喃溶液中实现了单层 TiO_2包覆 SiO_2颗粒。后来,Hanprasopwattana 等[75]对其作了改进,在 TOB 的乙醇溶液中加入适量水,回流,制备了壳层约 7 nm 的 SiO_2@TiO_2。与包覆 TiO_2、SiO_2的金属相似,要避免无机粒子团聚或形成不含内核的单相粒子,前驱物与水的相对用量和在溶液中的浓度是制备完整包覆的核壳粒子的关键。同时,可以通过前驱物的多步水解凝聚,获得厚度可调的 SiO_2@TiO_2核壳粒子[76]。此外,根据氧化物种类和包覆顺序不同,很多其他的包覆形式出现,如 SiO_2@Al_2O_3、Al_2O_3@SiO_2[77]、SiO_2@ZnO[78]、$\gamma-Fe_2O_3$@SiO_2[73]等。Homola 等[79]报道了利用小的 SiO_2球包覆 $\gamma-Fe_2O_3$粒子,主要是利用了 SiO_2纳米粒子和 $\gamma-Fe_2O_3$粒子带相反的电荷,两者混合后,小的 SiO_2纳米粒子通过静电吸引组装到 $\gamma-Fe_2O_3$粒子表面。

CdS、CdSe、ZnS 和 CdTe 等也是常用的半导体材料。选择两种能带结构相匹配的半导体,形成核壳结构具有优良的光学性质,能有效提高复合材料的发光效率。这种以高折射率和低折射率物质为核或壳的新材料,因为不同物质的物理参数不同(CdS 与 SiO_2),存在的异相界面,能有效改变材料的光学性质[80]。进一步,将内核溶解后能形成中空的高或低折射率的材料。如 ZnS 由于其高的折射率因此不会对可见光产生吸收。用硫代乙酰胺和硝酸锌反应制得 ZnS,在表面沉积 SiO_2,形成 ZnS@SiO_2[81]。CdSe@CdTe、CdTe@CdSe 中 CdTe 和 CdSe 的比例不同,对吸收光波长有一定的影响[82]。

4) 金属/金属型

相对于单金属和传统双金属组分(合金或二元金属)纳米粒子,双金属核壳纳米粒子(特别是 Au、Ag、Pt、Ru 等贵金属)因其独特电子结构及表面性质,其催化性能日益受到重视。且以 Pt、Pd 等为壳层,还可能显著提高贵金属的利用率[83]。因此,以贵金属为壳层的核壳结构纳米颗粒的合成研究引起了广泛关注。这方面,Henglein 等[84]进行了较深入的研究。在制备出 Au 或 Pt 纳米粒子后,可以直接将 Pt 或 Au 还原沉积到表面,形成包覆层。Au 在 Pt 表面的沉积是各向同性的,且是动力学控制的,Au 层厚度随着金盐溶液浓度的增加而增大。由于 Ag 的等离子共振吸收峰强度是 Au 的 4 倍[85],而传统制备的 Au 颗粒表面存在柠檬酸根离子层,能与其他功能基团(如—NH_2、—SH)进行交换反应,结合这两个优势,Cao 等[86]用双苯磺酸苯膦(BSPP)钝化 Ag 粒子表面,用 $NaBH_4$还原 $HAuCl_4\cdot 3H_2O$ 得到

Au。由于晶格匹配，Au和Ag之间存在较强的相互作用力，因此Au能顺利沉积在Ag粒子表面，形成Ag@Au核壳纳米粒子。

另外，在金和铂的混合盐溶液中也能直接还原得到Au@Pt核壳纳米粒子[87]。化学气相沉积法(chemical vapor deposition，CVD)也被常用来合成超细粉体或者包覆型的复合材料。该法是以发挥金属卤化物和氢化物或有机金属化合物等蒸气为原料，进行气相分解和其他化学反应得到复合材料。Cao等[88]利用化学气相沉积法制备出具有核壳结构的碳包覆铁粉的复合材料。实验结果显示，铁粉的外表面附着致密厚度不均匀的碳层，铁粉表面的一层无定形碳和具有磁性的铁粉组成的核壳复合材料对毒性气体具有良好地吸收和放出性能，应用前景好。

2. 其他核壳结构纳米复合粒子

除了上述结构以外，还有无机-有机、有机-有机和有机-无机这几类核壳复合材料。无机-有机核壳结构纳米粒子制备方法有乳液聚合法、界面聚合法、凝聚相分离法、干燥浴法等。Fleming等[47]将氨基化的SiO_2小球(直径约几个微米)用戊二醛改性后，与氨基化的聚苯乙烯(PS)反应得到小球吸附大球的模型，然后再在1,2-亚乙基二醇的作用下，加热至PS的玻璃化转变温度，使PS流动包覆到SiO_2小球整个表面。有机-无机核壳结构纳米粒子的制备领域中，PS小球被广泛地应用为核，不仅仅是因为苯乙烯单体容易得到，而且合成PS小球的技术已经比较完善。根据包覆层种类的不同，可以得到PS@TiO_2[89]、PS@SiO_2[90]、PS@Fe_2O_3[91]等有机-无机核壳结构纳米粒子。而在PS小球上包覆一层导电高分子，得到有机-有机核壳结构复合物，可以使其附加上电学性能。Barthet等[92]用苯胺单体聚合包覆到PS小球上，研究了反映温度对聚苯胺表面形貌以及表面形貌对导电性能的影响。

核壳结构纳米复合材料，独特的结构特点使其能够在纳米尺度上对材料的结构和组成进行设计和剪裁，在化工、微电子技术、军事、食品、医学等领域都有重要而广阔的应用前景。但目前核壳结构的制备工艺尚不够完善，形成机理研究不够深入。因此，期望通过调节复合粒子的结构、形态和尺寸，使结构和物质组成多元化，进一步开拓材料的性能。同时拓宽研究开发体系，改进合成方法，改良表征新技术等。

1.2.3 纳米银复合材料

纳米银复合材料是表面性质剪裁的产物，通过载银改变载体粒子表面结构、电荷、官能团及反应性，提高载体的稳定性和分散性，赋予载体粒子特定的光学、电学、磁学、催化及抗菌等诸多特性，同时载体材料也为负载的银纳米层提供了支撑。

将两种不同特性的物质组装成一个体系，既保持了银粒子的稳定性，又获得了比单个组分更优的物理和化学性能。目前银单体纳米粒子研究得比较透彻，很容易制备不同粒径分布的样品，将银负载到载体粒子上可以获得相当低的多分散性，这是通常直接合成银纳米粒子难以达到的；制备出的复合纳米粒子具有表面包覆和修饰的银纳米粒子的性质；通过包覆和修饰很容易得到微米大小的粒子，且粒子更加均匀；表层包覆和修饰的银可以调节等离子共振，改变介电函数等新效应；通过复合可以大大节约银的使用量。因此纳米银复合粒子作为一种重要的功能材料具有广泛的应用前景。

1. 纳米银复合材料的制备方法

在目前，制备纳米银复合材料的方法大致有两种途径：一是先将 Ag 的前驱体负载到载体上，然后通过热处理或其他处理使前驱体转变为 Ag，主要有化学还原法、溶胶凝胶法、光催化还原法等；二是将 Ag 纳米粒子通过合适的方式直接负载到载体上，如超声化学沉积法、无极电镀法等。

1）光催化还原法

将制备出的纳米粒子浸渍在一定浓度的 $AgNO_3$ 溶液中，并在磁力搅拌器搅拌下吸附。然后将混合溶液转移至反应器中，利用紫外灯对整个体系进行光照。为了使 Ag 在载体表面沉积的更加均匀，向反应体系中加入定量的 EBTA。将经过银沉积的纳米粒子从硝酸银溶液中过滤出并且用去离子水洗净，除去表面未反应的 Ag，通入氮气干燥，然后在恒温下干燥，研磨至相应粒度，就得到了表面载银纳米粒子。利用光催化还原法在 TiO_2 上负载金属银，可通过控制溶液的 pH 值来控制负载银的形貌，提高 TiO_2 表面负载银的分散度。

2）化学还原法

采用特定的还原剂，把金属离子还原为单质，包覆在某种载体粒子表面，从而制得复合粒子。此方法的优点是实验方法较简单，但是容易引进杂质，特别是金属离子容易与加入的还原剂生成合金。化学还原法制得的纳米银粒子杂质含量相对较高，而且由于相互之间表面作用能大，生成的银粒子之间易团聚，所以化学还原法制得的银粒子粒径一般较大，分布很宽。加入分散剂能够降低生成的银单质粒子的团聚作用，减小粒子粒径，但增加了反应副产物，提高了生产成本。

3）溶胶凝胶法

这是目前广泛用于制备超细纳米粒子的方法。首先制备出纳米载体溶胶，再向溶胶中加入 Ag^+ 离子的盐溶液，之后使溶胶聚合凝胶化，凝胶经干燥脱除溶剂，再焙烧去除有机成分，晶型转变即可得超细掺纳米银复合粒子。这种方法的优点是制备粒子尺寸细小，且金属离子在纳米粒子晶体中分布均匀，但生产成本较高。

4）超声化学沉积法

利用超声化学沉积制备载银复合粒子的基本原理就是在超声的作用下产生自由基，水分子在超声波的作用下裂解为氢自由基，$AgNO_3$在氢自由基的作用下被还原成单质银。整个反应系统要在一个惰性的反应环境中进行，尽量避免产生的自由基被O_2所消耗。

5）其他制备方法

还有很多人尝试煅烧法[93]、表面种子法[70]等方法，并取得了一定的效果。

2. 纳米银复合材料的应用

1）传感器

由于量子尺寸效应和表面效应的影响，与本体金属相比，银纳米粒子的光学性能变化十分显著；另外当银纳米粒子分散在载体表面上或载体中，由于介电限域效应，即载体（通常折射率低）和银（通常折射率高）折射率的不同，在光的照射下，粒子表面附近的场强由于折射率的变化造成的边界效应增大，从而使这种材料具有特异的光学性能。

2）催化剂

由于金属纳米粒子具有较大的比表面积，表面上催化活性位多，这就使其催化活性高、选择性好。利用金属纳米粒子的催化性能，并用TiO_2、SiO_2等材料作为载体，既能发挥纳米粒子的高催化性和高选择性，又能通过载体使其具有长效稳定性。利用多孔分子作为载体，不仅能防止金属纳米粒子的团聚而且其特有的结构能对反应方向有很好的选择性。

3）电磁材料

由于金属纳米粒子的小尺寸效应和久保效应，金属纳米粒子的电磁性能与块体金属截然不同。当粒子尺寸小于临界值时，电阻反而比块体材料高几个数量级；10～25 nm的铁磁金属微粒矫顽力比相同的宏观材料大1 000倍，而当粒子尺寸小于10 nm时矫顽力变为0，表现为超顺磁性。纳米银复合材料在电磁材料方面有潜在的应用，可作为电介质材料、导电材料、屏蔽材料、吸波材料。

1.3 红外隐身材料

20世纪50年代以来，红外非成像和成像技术取得了突破性进展，各种具有很高探测精度、分辨率的红外探测和遥感设备相继出现。红外隐身技术是随着红外探测、武器制导及对目标的攻击能力不断提高发展起来的，在70年代中期到80年代中期，防空系统主要采用1～3 μm的近红外传感器进行探测，随着中红外有源跟踪体系的发展，3～5 μm的中红外探测系统开始逐渐实用化，从80年代中后期开始，因为8～14 μm远红外成像跟踪和制导技术的飞速发展，对飞行器构成了极大威胁，迅速引起了各国军方对长波红外隐身技术的高度重视，但其隐身技术目前仍处于初级阶段，大量技术难题有待解决。

红外隐身材料是指用于减弱武器系统红外特征信号以达到隐身技术要求的特殊功能材料，也称红外伪装材料或热伪装材料。红外隐身材料具有阻隔武器系统红外辐射的能力。一般来说，用于热隐身的材料应具有以下基本特性：① 具有符合要求的热红外低发射率或较强的控温能力；② 在大气的两大红外窗口(3～5 μm)和(8～14 μm)内不能有红外吸收峰；③ 在近红外波段有较高的反射率；④ 在可见光波段有较低的反射率；⑤ 具有合理的表面结构；⑥ 具有较低的太阳能吸收率；⑦ 能与其他频段的隐身要求兼容。随着材料科学技术的进步，尤其是纳米技术在新材料中的应用，多波段、宽频带的复合隐身材料的研制将居主流地位。

1.3.1 红外隐身原理

红外线辐射在大气中传播遵循可见光的折射、反射、吸收和散射等定律，具有光的一般物理特性，它在大气中的透射能力与大气中水和二氧化碳的含量有关。物体向外发射红外辐射时，大气中的水和二氧化碳要吸收一定波段的辐射，而使此波段的红外辐射信号衰减。不被吸收的波段无衰减地穿过大气，这样的波段被称为大气窗口。红外大气窗口分为4个，分别是近红外(1～3 μm)、中红外(3～5 μm)、远红外(8～14 μm)和超远红外(50～1 000 μm)，前3个波段内大气窗口相对透明，超远红外波段基本是不透明的，红外探测器的工作波段主要针对前3个大气窗口，其中红外制导用的探测器的工作波段在3～5 μm，热成像系统的工作波段扩展到了8～14 μm。因此红外隐身涂料的开发也应针对这3个大气窗口进行。

根据普朗克推导，黑体辐射强度为

$$M_{0\text{-}\infty}=M_b=\sigma T^4$$

式中，$\sigma=5.670\,32\times10^{-8}$ W · m^{-2} · K^{-4}称为波尔兹曼常数。不同温度的黑体的光谱辐射出射度不同。对于实际物体的辐射出射度，由于发射率$\varepsilon<1$，所以辐射出射度为

$$M_s = \varepsilon M_b = \varepsilon \sigma T^4$$

可以看出,温度在 0 K 以上的所有物体,都会不断地产生红外辐射。因此,与雷达探测有所不同,红外探测是一种无源探测,直接接收目标发射的红外辐射,或者说是探测目标与背景的红外辐射差异。不同温度的物体所发射的红外辐射的波长和强度不同。温度越高,所发射的红外辐射功率越大。因此,如何降低物体红外辐射是隐身技术的关键所在。

1.3.2 红外隐身材料的组成

由红外隐身原理可知,实现红外隐身的技术途径有控制表面发射率和控制表面温度。控制目标表面的温度变化范围通常采用大热惯量材料。而控制发射率的方法主要是采用不同发射率的材料。通常情况下,涂覆低红外发射率的涂层是降低目标发射率的主要手段。一般地,红外低发射率涂料由颜料、黏合剂和某些添加剂组成。其中颜料和黏合剂是影响红外隐身性能的基本因素,下面分别介绍之。

1. 颜料

影响热红外隐身涂层性能的因素中颜料的选择至关重要,一般情况下,黏合剂的红外发射率均较高,而低发射率的红外隐身涂层主要由调节颜料来实现。目前,红外隐身涂层配方中的颜料大致分为金属颜料、着色颜料和半导体颜料三种。

1) 金属颜料

金属颜料是至今报道最多的热隐身颜料。光学研究表明,不透明体的反射率越高,发射率就越低。金属粉末一般属于不透明体,因此有高反射率的金属粉末的发射率都较低,是最容易想到的颜料种类。可用的有 Al、Zn、Sn、Au、还原铁和青铜等,其中用得最多的是性能优良、廉价易得的 Al[94]。金属颜料的低发射率是由它的高反射率而来,而高反射率会带来雷达和可见光隐身的不利,因此金属颜料要慎用。

2) 着色颜料

着色颜料主要有两大类:有机颜料和无机颜料。无机颜料主要有金属氧化物和氢氧化物、非金属氧化物和一些盐等,如氧化锌、二氧化钛、五氧化二钒、氧化铁、氧化铬(绿、黄)、氢氧化铬、硫化镉、硫化锑、硒化镉、钛酸盐、磷酸盐、醋酸盐、碳酸盐等。其中硫化物着色颜料被认为更适用于作热隐身颜料,红外透明性好,吸收峰在红外大气窗口之外。有机颜料种类繁多,最常见的是偶氮化合物。

红外隐身涂料选用着色颜料,主要是为了满足与可见光伪装兼容的要求,也就是说,是为了实现多频隐身。大多数着色颜料不具备降低发射率的作用,仅要求其不损害涂料的热隐身性能。因此，着色颜料的筛选一直是隐身涂料研制工作的难点之一。

3）半导体颜料

半导体颜料是20世纪80年代兴起的掺杂颜料，它是由金属氧化物（主体）和掺杂剂（载流子给予体）两种基本成分构成，从理论上说，通过适当选择载流子密度，载流子迁移率和载流子碰撞频率等参数，可以使掺杂半导体在红外波段有较低的发射率，而在微波和毫米波段具有较高的吸收率，用来解决红外光与可见光、雷达波、激光等波段隐身兼容性的问题。目前最常见的掺杂半导体颜料是三氧化二铟和二氧化锡，可掺杂制成ITO粉末，能使涂料的发射率降至0.624[95]，是一类很好的红外隐身材料。但ITO粉的价格偏高，有待寻找一种价格适宜且效果良好的掺杂半导体来取代它。

2. 黏合剂

黏合剂是影响涂料隐身性能的又一基本因素。红外隐身涂料所用的黏合剂必须具备两个基本性能。一是必须保护颜料，在涂料的整个使用过程中保持红外特性不变。第二是黏合剂必须在所选光谱范围内为红外透明。红外隐身涂料配方中黏合剂大致分为两种：有机黏合剂和无机黏合剂。

1）有机黏合剂

适用的有机黏合剂有两种，一种是红外透明黏合剂，另一种是半导体聚合物。文献上介绍的可供热隐身涂料用的红外透明黏合剂有很多，但实际上热性能较好、较为实用的是以Kraton树脂为代表，以聚乙烯为基本结构的改性聚合物。半导体聚合物是将具有共轭主链的绝缘高分子通过化学和电化学的方法掺杂，使之具有半导体或导体的性能，可用作热隐身涂料的黏合剂。与红外透明有机黏合剂不同，半导体聚合物可直接提供热隐身效果，在制备热隐身涂料上具有特殊的意义。

2）无机黏合剂

在无机黏合剂中，据报道用无机磷盐黏合剂可制成热发射率较低的涂料。与有机黏合剂相比，无机黏合剂的力学性能和工艺性能相对较差。黏合剂的吸收率还可以通过加入颜料而降低，这些颜料通过控制散射率和粒子粒径可将黏合剂吸收波段的辐射光有效地散射掉，其中片状粒子颜料形成连续薄膜，减少了黏合剂吸收的入射光的透射[96]。

3. 其他添加剂

除了颜料和黏合剂外，红外隐身涂料根据不同频段隐身的需要，配方中往往还会再加一些物质增强其隐身性能。近几年的研究发现，杯芳烃[97]、schiff碱[98]都具有减小目标红外发射率的作用，把它们用作添加剂，为提高红外隐身涂料的性能开辟了新的道路。另据报道，在热红外隐身涂料中为降低目标表面温度，在一般彩色涂料中加入大热惯量隔热材料，一方面它不会添加涂料的发射率，另一方面却具有显著的降温效果，这样就同样起到了降低红外辐射的作用。在某些颜色很难降低发射率的彩色颜料中，这是一种好办法。人们还发现中空微珠具有明显的降温效果，它是一种很有前途的多功能填料，可用于红外隐身涂料[99]。

1.3.3 红外隐身材料研究进展

近年来，红外吸波材料的研究和开发以及纳米结构材料的出现大大推进了红外隐身技术的发展。这其中，各种涂层材料红外发射率的建模理论计算、涂料黏合剂对红外辐射的影响所开展的基础研究工作、兼具雷达波、激光的复合隐身材料的理论及应用研究、新型纳米吸波材料性能的讨论等，展示了红外吸波材料在红外隐身技术方面的广阔前景。影响热红外隐身涂料性能的因素很多，如颜料、黏合剂和涂装工艺等。其中颜料是影响涂料隐身性能的重要因素之一。一般情况下，黏合剂的红外发射率均较高，如国外研制的红外透明黏合剂 Kraton 树脂，许多资料报道，其具有优良的红外透明性，而在 8～14 μm 波段的平均红外发射率也达 0.84。因此，多年来低发射率的热红外隐身涂料主要是靠颜料的调节作用来制备的。这里，将红外低发射率材料所使用的颜料不同进行分类讨论。

1. 无机红外低发射率材料

当物体表面涂覆具有低红外发射率的特殊材料，使其产生的红外辐射低于探测器的极限阀值时，红外探测器将对其失去效能。目前，较多研究集中在无机红外低发射率材料。但是，大部分的无机材料在热红外波段（TIR）有明显的宽吸收频谱。例如，碳酸盐在 7 μm 吸收最强，硅酸盐在大约 9 μm、氧化物在 9～30 μm 有吸收峰。因此，常通过掺杂金属粒子，尤其是金属片状粒子来降低其在 TIR 频段的吸收。一些美国学者研制的一种低发射率热隐身漆是用直径为 70 μm 的片状铝（质量比占 38%），掺杂到无机磷酸盐黏合剂中，在 10.6 μm 频谱区发射率为 0.18[101]。不过，金属材料的高反射性有利于降低发射率和太阳吸收率，但却增加了对雷达波和可见光的反射，不利于对雷达波和可见光的抑制作用，因此金属粒子含量应慎选。

硫化物是另一类被认为是可用于隐身的无机材料。比较硫化镉、氧化铁、铬绿和铬黄四种着色颜料的计算机模拟光谱后，认为硫化镉的红外透明性最好，吸收峰在红外大气窗口之外，在军用绿色涂层中能产生额外的散射，从而降低涂层的 ε_{TIR}

值，可以用于新一代热隐身涂料。

2. 掺杂半导体红外低发射率材料

由于单一的金属氧化物材料大都具有较高的红外发射率，因此必须对其改性。掺杂半导体材料是近年来兴起的一种新型有效的红外低发射率材料。从理论上说，通过选择适当的载流子密度 N、载流子迁移率 μ 和载流子碰撞频率 ωt 等参数，可以使掺杂半导体在红外波段有较低的发射率，而在微波和毫米波段具有较高的吸收率，从而形成红外兼雷达一体化材料。半导体膜的基本组分为金属氧化物（主体）和掺杂剂（载流子给予体），膜厚多为 0.5 μm 左右。实验结果表明，适当的掺杂可使半导体膜的 ε_{TIR} 值降到 0.1 以下，还可实现与激光、雷达波隐身的兼容，这也是目前研究工作的热点之一。王自荣等[95]对掺锡氧化铟半导体（ITO）涂料在 8～14 μm波段的红外发射率的研究表明：氧化锡的掺杂含量、黏合剂的选择和用量对涂层的发射率均有较大影响，当掺杂摩尔分数在 5%左右时发射率最低。宋兴华等[100]采用化学共沉淀法制备了低红外发射率的掺锑氧化锡（ATO）。研究表明，粒度分布均匀，单分散性好的 ATO 粉末在涂层中的分散效果好，在红外波段的散射率强，发射率较低。徐国跃等[101]报道了 CdZnS 半导体颜料红外发射率的研究，当 CdZnS 固溶体中的 Cd 离子和 Zn 离子的配比为 2.5 ∶ 1 时，样品的红外发射率达到极小值 0.750。

3. 复合型红外低发射率材料

近年来，复合型红外低发射率材料的研究引起了各国科研工作者的极大兴趣。中空微珠是一类以物理方法实现低发射率的复合材料。中空微珠通常以分散的有机或无机物微粒为基础，微粒大小均匀，其最大直径为 0.175～0.246 mm，一般是苯乙烯和不饱和聚酯的共聚物或是无机硅酸盐。微粒中含有封闭的小孔或“微泡”，因此称为微球。这些小孔或微泡在中空微珠总体积中占有很大比例，平均直径约为 0.6～1 μm，微孔中含有空气[102]。费逸伟[99]等人通过实验研究发现，中空微珠是一种性能优良的热红外伪装材料，它不会影响隐身涂料的常规使用性能，不会增加涂料的表面发射率，具有明显的红外屏蔽作用而且降温效果显著。在实际应用过程中，中空微珠的最佳粒径为 0.074 mm 左右，最佳用量不超过 20%。多层结构复合低发射率材料经历了从宏观多层向微观多层的发展过程。多层材料中最有代表性的是瑞典于 20 世纪 80 年代研制的“巴拉居达热红外伪装遮障”。它是由热伪装网和隔热层两部分组成的双层结构。隔热层用来屏蔽目标的热辐射，以造成一个温度均匀且不太高的“冷”表面，隔热层中含有一层金属薄膜使其表面发射率达到 0.65。热伪装网中含有的中间金属层及其表面上的不同发射率的聚合物涂层使伪装网具有0.6～1 的不均匀发射率特征。不同发射率的热伪装网与隔热层的结合，使这种新的多涂层伪装体系能够适合不同背景，具有多频谱吸收性能，在热伪装技术方面有一定突破。英国则发展了一种称为“热屏蔽森林”的伪装材料。他们将两片着色的聚乙烯层压在一金属铝层的两面，然后通过金属铝的升华，形成三层结构。由于聚乙烯的透明性、铝的高反射性，使得这种涂层的总发射率只有0.2[103]。Mario 等人[104]研制了一种多层结构，底层是一层低密度高热阻材料，最上层是光学掺杂涂层，中间是一层金属或金属氧化物，这种结构在中远红外波段具有较低的红外发射率，在近红外和可见光波段具有低反射率。微观多层低发射率材料通常是在内核粒子基底上，包覆至少一层以上的物质以达到红外隐身的目的，内核粒子的尺寸在微米或纳米级。有研究表明[105]，在粒径约为 0.1～1 μm 的金属氧化物内核粒子外层包覆一层聚乙烯，该粒子与黏合剂的折射率相差 1.4 以上，制成涂层后，涂层发射率最低可至 0.3，具有一定的实用价值。

4. 纳米红外低发射率材料

与传统的隐身材料比较，新型隐身材料要求满足“薄、轻、宽、强”，甚至满足多波段隐身、环境自适应、耐高温、耐海洋气候、抗核辐射等更高要求，以适应日趋恶劣的未来战场。纳米材料独特的结构使其自身具有量子尺寸效应、宏观量子隧道效应、小尺寸和界面效应，随之产生了许多特异性能。据报道，法国最近宣布研制成功一种宽频带雷达吸波材料涂层——纳米 CoNi 超微粉，该材料的复磁导率在 0.1～18 GHz 频段内均大于 6，大大超过金属微粉磁导率理论值 3 的限制；美国研制的“超黑粉”纳米吸波材料，对雷达波的吸收率大于 99%[106]。纳米级超微粉在细化过程中，处于表面的原子数越来越多，增大了纳米材料的活性，在电磁场的辐射下，原子、电子运动加剧并产生磁化，使电磁场转化为热能，从而增加了对电磁波的吸收。大量研究表明，纳米材料所具有的特殊性质对雷达波有吸收作用，可作为雷达吸波剂[107]，磁性纳米粒子、纳米粒子膜和多层膜是纳米材料作为隐身材料的主要形式。而纳米材料在红外低发射率材料上的应用研究却相对甚少，目前只局限于无机纳米膜。

由红外理论可知，不同离子间的相对振动将产生一定的电偶极矩，因而离子晶体的光学波可以和红外辐射场相互作用，并交换能量，从而产生红外吸收。由于晶体的晶格具有平移对称性，晶体中原子的本征振动模是一系列独立的格波，声子是格波的能量量子。晶体中声子同时具有准动量，当晶格振动与红外辐射相互作用时，需要满足动量守恒条件，因而只有少数几种振动模对红外辐射的共振吸收有贡献。而一般的晶体纳米粒子由于表观尺寸的迅速减小，不同程度存在晶格畸变，晶体周期性遭到一定程度的破坏，当晶格振动与红外辐射相互作用时，对于某些非共振振动模，无须满足动量守恒原则，因而对红外吸收有贡献，因此纳米粒子的红外发射率普遍比微米级的高。卢晓蓉[108]等研究发现，纳米级的氧化锌粒子较微米氧化锌粒子的红外发射率高。纳米膜作为一种新型的红外低发射率材料，可以通过调节膜的组成、载流子浓度等参数而获得较低的红外发射率。Biswas[109]等研究了锡含量对纳米膜红外发射率的影响，发现随着锡含量的变化，膜的载流子浓度与膜阻抗也发生变化，膜红外发射率在 0.47～0.90 之间变化。Yianoulis 等[110]研究了 ZnS/Ag 和 ZnS/Al/Ag 两种多层膜，研究表明，这两种膜的红外发射率只与中间的 Ag 层和 Al 层的厚度有关，调节这两层的厚度，可制得低红外发射率的多层纳米膜。刘海鹰等[111]关于低红外发射率 TiO_2/Ag/TiO_2 纳米多层膜研究的结果表明，多层膜红外发射率值随着膜中 Ag 膜厚度和外层 TiO_2厚的增加而降低，最低为 0.18。最近，关于 Ag 膜厚度与红外发射率之间的关联的研究表明，当 Ag 膜厚达 1 μm时，在 8～14 μm 波段的红外发射率值为 0.04[112]。

利用生物驻极体胶原为基材，通过对基材进行接枝改性，与 Ti－Sn 双金属氧化物、In_2O_3、介孔 SiO_2等组装或复合[113-115]，也可以得到性能良好的红外低发射率材料。

新一代红外隐身涂料的发展，以开拓宽频带，多大气窗口兼容，同时满足可见光、雷达隐身为主要方向，并且在保持优良的隐身性能的同时，进一步降低热红外发射率。除此以外，黏合剂和多种涂料添加剂不断推陈出新，从温度上对热辐射能量加以控制，调整红外发射率。今后还是以热隐身涂料使用化为重点努力的方向，进一步加强控制涂层发射率的能力，探索低发射率薄膜以及隔热材料、相变材料和复合材料等用于热隐身的可能性，研制多频段兼容性好的涂层体系，分析并解决影响红外隐身涂层性能的其他因素。纳米材料特殊的功能和效应，不但在学科发展上有重要意义，而且在应用上也有良好的前景，它为红外吸波新材料的发展开辟了一个崭新的研究领域。它向国民经济和高技术各个领域的渗透以及对人类社会进步的影响将是难以估计的，势将引起一场新的技术革命。纳米材料的制备作为纳米材料研究的前提，其制备技术已经引起了广大研究者的极大关注并且取得了很大进展。然而，纳米材料的制备技术中尚存在一些问题，比如纳米材料的形态、尺寸及结构细节的控制，纳米材料的形成机理与生长动力学，功能分子的设计、制备和组装，纳米材料的稳定性，纳米功能材料的复合以及所涉及的表面、界面及功能协同等方面亟须开展深入的研究。可以相信，这些问题的研究和解决不仅将为纳米材料的制备提供一套科学的方法和理论，加速纳米材料的应用和开发，而且将极大地丰富和发展相关科学领域的基础理论。

第2章

$Ag@SiO_2$和$Ag@TiO_2$核壳纳米复合材料的制备和表征

在纳米科学技术深入发展的今天，人们对纳米材料的制备、性质与应用提出了更高的要求。理论上认为，性质不同的两种或多种物质机械混合后，就可以得到预期的性质特殊的复合材料。但是，范德华力等作用下，粒子通常团聚，而难以得到分散性良好的复合材料[116]。尽管湿化学法能在一定程度上解决这一问题，但不是特别理想。近年来，由金属和半导体组成的核壳结构纳米复合材料的制备引起了人们广泛的研究兴趣。将金属与半导体相结合，使材料获得单一物质所不具备的特殊性能，如光学可调性[117]、催化性能[118]、光学非线性增强效应[119]等，是构筑新型功能复合材料的重要组元，在光子带隙材料、微波吸收材料、催化剂和生物等领域都有重要应用。

目前，作为金属/半导体型核壳纳米复合粒子（记为"核@壳"）的核材料通常有Au、Ag等贵金属，壳层物质有SiO_2、TiO_2、ZrO_2、SnO_2等。制备金属/半导体型核壳复合材料的方法主要有原位反应、溶胶-凝胶和微乳液法。为解决金属和半导体层间的相容性问题，Liz-Marzan等[58]借助偶联剂的化学架桥作用来修饰Au胶体粒子，在硅酸钠溶液中生长得到完整包覆的$Au@SiO_2$核壳纳米复合粒子。Lu等[120]没有对Au胶体粒子进行表面改性，采用溶胶-凝胶法制备SiO_2球，得到$Au@SiO_2$核壳粒子。Mine等[62]通过传统的柠檬酸盐还原方法制备金纳米颗粒的同时，用Stöber方法制备SiO_2球，也获得了单个Au核的$Au@SiO_2$核壳纳米粒子。以水合肼为还原剂，用Igepal CO－520/环己烷/水微乳液体系能得到$Ag@SiO_2$核壳纳米粒子，TEOS的水解和凝聚速率[63]，还原剂加入的先后，对$Ag@SiO_2$核壳纳米粒子的形成都有影响。而催化剂氨水的浓度是影响粒子生成，大小和粒径分布的重要因素，未见研究报道。另外，采用 TX－100/环己烷/正己醇/水的 W/O 型反胶束体系制备 Ag@TiO_2核壳纳米复合粒子国内尚未见报道。

在本章的研究中，采用反相微乳液法，制得分散性良好的 Ag@SiO_2、Ag@TiO_2核壳纳米复合粒子。重点考察催化剂氨水加入的先后顺序及 R 值（$R=n_{水}/n_{表面活性剂}$）对 Ag@SiO_2核壳纳米粒子形成的影响。采用 TEM、UV、XRD 等方法对合成的纳米复合材料表征，并初步探讨了组成、包覆量和壳层晶型对复合粒子的红外发射率的影响。

2.1 实验部分

2.1.1 材料

异丙醇钛（TIPP），Fluka 公司；曲拉通 X－100（TX－100，辛基苯基聚氧乙烯醚，结构式见图 2－1），AMRESCO 公司；正硅酸乙酯（TEOS），上海化学试剂厂，减压蒸馏，新鲜使用；硝酸银（$AgNO_3$），上海化学试剂厂；硼氢化钠（$NaBH_4$），上海化学试剂厂。其他所用试剂均为市售分析纯，使用前未经进一步纯化。实验用水均为二次蒸馏水。

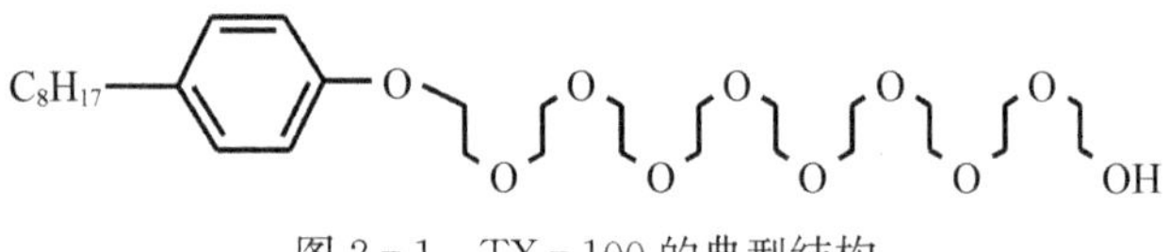

图 2－1　TX－100 的典型结构

2.1.2 Ag@SiO_2核壳纳米粒子的制备

首先，配制 TX－100/环己烷/正己醇/水 W/O 型反相微乳液。TX－100 和正己醇按质量比 3∶2 混合，在不断搅拌下加入适量环己烷，得到浑浊乳状液。将上述混合溶液分成两等份，记为组分 A 和组分 B。往组分 A 中加入 0.1 mol/L 的 $AgNO_3$水溶液，往组分 B 中加入 0.1 mol/L 的 $NaBH_4$水溶液，分别形成均一透明的微乳液 A 和微乳液 B。随后，在室温下将两份微乳液混合，在氮气气氛下反应 0.5 h 后，加入数滴氨水，继续搅拌 10 min 后加入一定量 TEOS，持续反应 24 h。反应结束后将得到的深灰色溶液离心，分别用甲醇和丙酮的混合液（$V_{甲醇}:V_{丙酮}=1:1$）、甲醇和蒸馏水洗涤三次，60℃下真空干燥 1 h，得到 Ag@SiO_2核壳纳米粒子。保持其他条件不变，改变 R 值（$R=n_{水}/n_{表面活性剂}$）和催化剂氨水加入的先后顺序分别进行实验。

2.1.3　$Ag@TiO_2$ 核壳纳米粒子的制备

采用相同的微乳液体系，TX-100 和正己醇按质量比 3∶2 混合，在不断搅拌下加入适量环己烷，得到浑浊乳状液。连续搅拌下往溶液中加入 0.1 mol/L 的 $AgNO_3$ 水溶液，形成均一透明的微乳液。在室温下往微乳液中加入数滴水合肼，溶液颜色立刻变深，在氮气气氛下反应 0.5 h。将配制好的 TIPP 的乙酰丙酮混合溶液超声 15 min，然后加入四颈瓶中，快速搅拌 10 min 后改为中速搅拌，升温至 70℃下反应 12 h。反应结束后产物离心，分别用甲醇和丙酮的混合液（$V_{甲醇}:V_{丙酮}=1:1$）、甲醇和蒸馏水洗涤三次，60℃下真空干燥，得到 $Ag@TiO_2$ 核壳纳米粒子。保持其他条件不变，TIPP 的浓度分别取 2.5 mmol/L 和 5.0 mmol/L 进行实验。

2.1.4　表征

$Ag@SiO_2$、$Ag@TiO_2$ 核壳纳米复合粒子经 KBr 压片，用 Nicolet Magna-IR 750 光谱仪作红外光谱（IR）分析。用 SHIMADZU UV-2201 紫外-可见光谱仪进行紫外-可见光谱（UV-vis）分析，乙醇作分散液。用 XD-3A X 射线衍射仪进行 XRD 测试（测定条件：X 射线为 Cu 线，波长 λ 为 0.154 056 nm，40 kV/30 mA），并利用 Debye-Scherrer 公式计算纳米粒子的晶粒尺寸。采用 Hitachi H-600 型和 JEM-1230 型透射电子显微镜（TEM）观察粒子的形貌分析，工作电压 120 kV。红外发射率（8～14 μm）用 IRE-1 红外辐射仪（中国科学院上海技术物理研究所）进行测定。

2.2　结果与讨论

2.2.1　$Ag@SiO_2$ 核壳纳米粒子

1. $Ag@SiO_2$ 核壳纳米粒子的合成

$Ag@SiO_2$ 核壳纳米粒子由两步合成。首先是 Ag 核的形成，然后是 SiO_2 在银核表面的水解沉积过程。在 W/O 反相微乳液体系中，被表面活性剂包围的水核“微反应器”中，银离子被硼氢化钠还原，生成银单质。加入硅源后，硅醇盐与胶束中的水作用，在环己烷/水形成的油水界面上水解，形成醇盐的部分水解产物。此时，水解产物中生成的—OH 使醇盐的亲水性增强，更容易稳定于胶束中[63]。随着胶束内和胶束间的物质交换，水解产物缩聚后形成 SiO_2。水解缩合反应方程式如式(2.1)～(2.3)所示，其中 R 代表 C_2H_5。

$$\mathrm{Si(OR)_4} + \mathrm{HO{-}H} \rightarrow \mathrm{(OR)_3Si{-}OH} + \mathrm{R(OH)} \qquad \text{水解(2.1)}$$

$$\mathrm{Si(OR)_4} + \mathrm{(OR)_3Si{-}OH} \rightarrow \mathrm{(OR)_3Si{-}O{-}Si(OR)_3} + \mathrm{R(OH)} \qquad \text{缩合(2.2)}$$

$$\mathrm{(OR)_3Si{-}OH} + \mathrm{(OR)_3Si{-}OH} \rightarrow \mathrm{(OR)_3Si{-}O{-}Si(OR)_3} + \mathrm{H_2O} \qquad \text{缩合(2.3)}$$

Ag@SiO_2核壳纳米粒子的形成过程如图 2-2 所示。

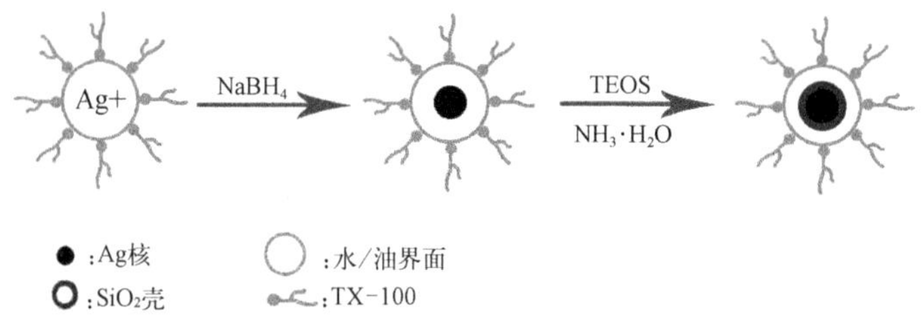

图 2-2 Ag@SiO_2核壳纳米粒子的形成示意图

2. *R* 值的影响

R 值为水与表面活性剂的浓度比($R=n_{水}/n_{表面活性剂}$)。当 *R* 值较低时，即水含量较小，大部分的水分子被束缚在 Triton X-100 分子的氧乙烯基链上，此时氢氧根离子的可移动性下降，而表面活性剂界面膜又较牢固，使进入每个反胶束水核内的正硅酸乙酯分子数目减少，这些都不利于胶束内正硅酸乙酯水解和成核。另外，溶于水的表面活性剂分子成曲折型(图 2-1)，其氧乙烯基链互相渗透缠结对正硅酸乙酯构成有效屏蔽，阻碍了正硅酸乙酯向极性区水核内的跨越和反胶束间的交换。基于以上因素，实验选择在较高的 *R* 值下进行。

微乳液中 *R* 值的大小决定了水核尺寸[121]。在不同的 *R* 值条件下合成的

$Ag@SiO_2$核壳纳米粒子的TEM见图2-3。由于银和二氧化硅成分的不同使其成像的衬度不同，复合粒子的核与壳呈现明显的颜色差异。外层灰色的是二氧化硅，中间颜色较深的为银核。采用先加氨水后加TEOS的方式进行实验，重点考察R为8和12这两个值。从图2-3(a)可以看出，当$R=8$时，得到的核壳粒子的银核直径约10 nm，粒子粒径在100 nm左右，粒子近似球形。测试后还发现，样品中也存在少数不含银核的单纯二氧化硅粒子。可能的原因是，反应过程中，TEOS以银核为中心水解沉积，形成核壳包覆的纳米粒子。由于生成的银纳米粒子较小，而TEOS的缩合成核在反应早期快速形成，导致少量二氧化硅在水核中二次成核，自身水解、缩合成核，生成不含有银核的SiO_2纳米粒子。同时，微乳液核内是水溶液环境，随着R值的增大，W/O微乳液反胶束中表面活性剂的平均簇集数减小，但胶束增大，即水核半径变大，从而粒子粒径变大。$R=12$时的粒子形貌见图2-3(b)。从图中可以看到，银核变大，并出现明显的聚集，呈多核包覆。而二氧化硅的用量保持不变，因此随着银核粒径的显著增加，SiO_2包覆层厚度大大减小。

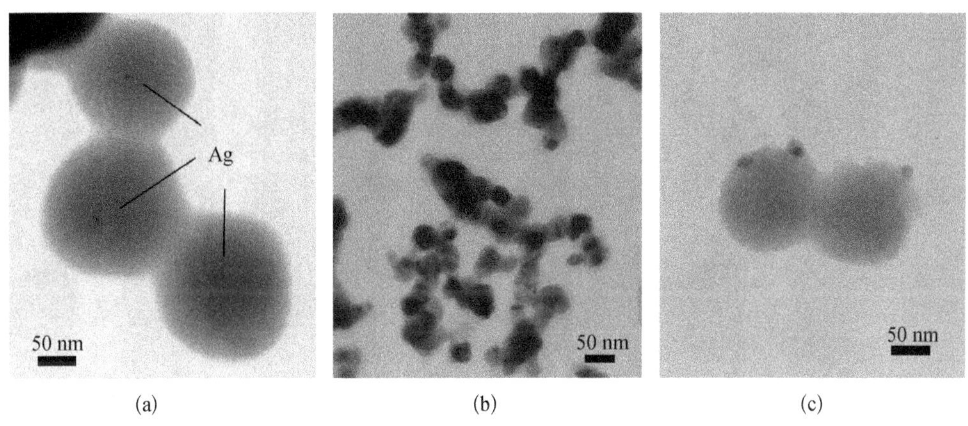

图2-3　不同的R值条件下$Ag@SiO_2$核壳纳米粒子的TEM图

(a) 先加氨水后加TEOS，$R=8$；(b) 先加氨水后加TEOS，$R=12$；(c) 先加TEOS后加氨水，$R=8$

3. 催化剂添加顺序的影响

SiO_2的形成过程是TEOS的水解、缩合成核以及颗粒生长三者之间复杂的竞争过程，水解是整个反应过程的控制步骤，成核是在反应的早期快速形成的，能促进水解的因素也是促进成核与颗粒生长的因素。催化剂氨水的浓度变化对TEOS的水解有较大的影响。在包覆过程中先加入氨水，氨水在水核中的浓度分布较均匀，此时生成的银核周围的氨水浓度基本一致，TEOS加入后，在其催化作用下水解、缩合，在银核外面形成包覆层[图 2-3(a)和图 2-3(b)]。而当氨水后于 TEOS 加入时，如图 2-3(c)所示，Ag 纳米粒子负载在 SiO_2球的表面，没有形成二氧化硅包裹的核壳结构。这可能是由于先加入的 TEOS 分布在微乳液的油水界面上，氨水的添加使水核微反应器中催化剂的局部浓度很大，导致胶束间的相互作用和成核粒子的聚并增加，TEOS 在短时间内水解、缩合成核，而水核中银纳米粒子被少量 SiO_2包裹后，与纯 SiO_2纳米粒子形成交联产物，从而负载在二氧化硅表面。

4. 光谱分析

Ag@SiO_2核壳纳米粒子的 IR 光谱如图 2-4 所示。从图中可以看出，在 3 420 cm^{-1}处出现了—OH 的反对称伸缩振动特征吸收峰，1 630 cm^{-1}处为—OH 的弯曲伸缩振动峰。Si—O—Si 键在红外波段的吸收很强，对应图中 1 100 cm^{-1}处的特征峰，为 Si—O—Si 的不对称伸缩振动。而 800～1 000 cm^{-1}附近的两个较小的吸收峰为 Si—O—Si 的对称伸缩振动峰[70]。金属在红外波段内几乎没有吸收，因此从整个红外光谱图来看，银的添加几乎没有对 SiO_2的特征吸收峰产生影响。

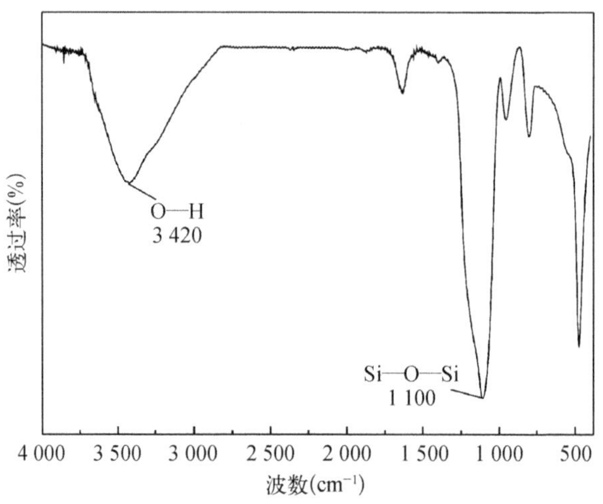

图 2-4 Ag@SiO_2核壳纳米粒子的 IR 光谱图(R=8)

UV-vis 吸收光谱是跟踪金属胶体粒子形成过程的一种有效手段。由于导带电子对光的共振吸收，金属和半导体小粒子在紫外-可见光波长范围内有很强的吸收峰，其位置与很多因素有关，如粒子形状以及粒子周围介质的光电子特性等[122]。从图 2-5b 可以看出，R=12 时得到的 Ag@SiO_2核壳纳米粒子在 404 nm 处存在一最大吸收峰，此时纳米粒子的形貌对应图 2-3(b)，SiO_2的壳层较薄。而纯 Ag

胶体粒子的最大特征吸收峰位置一般在 390 nm 附近[123]，表明包覆上 SiO$_2$薄层后吸收峰向低波数移动。当 $R=8$，SiO$_2$壳厚为 100 nm 左右[图 2-3(a)]，吸收峰的位置为 396 nm(图 2-5a)。根据 Mei 理论[58]，Au、Ag 等金属粒子表面包覆无机材料后，当材料的折射率高于水的折射率，金属粒子的最大吸收峰会发生红移。而当壳层过厚(>80 nm)，粒子的散射作用主导共振吸收带蓝移。而二氧化硅的折射率约为 1.5，高于水的折射率(约 1.3)。因此，Ag 胶体粒子的最大吸收峰随着包裹层厚度的增加，发生红移。而当壳层过厚，最大吸收峰的位置向高波数移动。

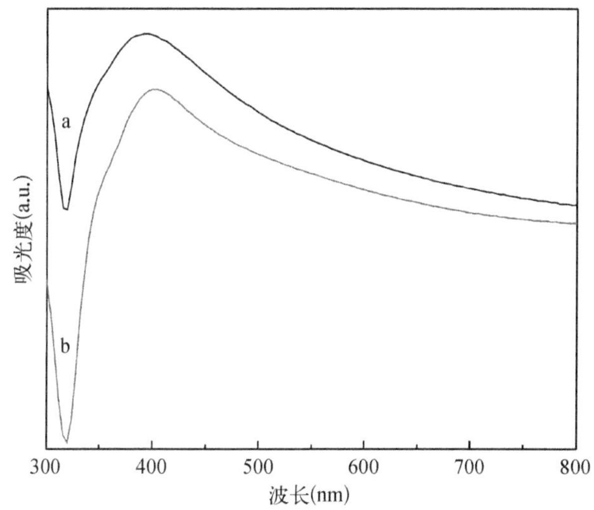

图 2-5 Ag@SiO$_2$核壳纳米粒子的 UV-vis 吸收光谱图(溶剂为乙醇)

(a) $R=8$；(b) $R=12$

图 2-6 为 $R=8$ 时反应得到的未经热处理的 Ag@SiO$_2$样品的 XRD 曲线。从图中可以看出，在衍射角 $2\theta=38°$、44.5°、64°、77°、82°处均出现明显的银的特征衍射峰，分别对应银的(111)、(200)、(220)、(311)、(222)晶面，表明银核为面心立方结构。同时在衍射角 $2\theta=21°$处出现一衍射宽峰，该峰与无定形 SiO$_2$的特征衍射峰相对应。根据 Scherrer 公式，如式(2.4)所示：

$$D=\frac{k\lambda}{\beta \cdot \cos\theta} \tag{2.4}$$

式中 k 为晶粒的形状因子，取 $k=0.89$，$\lambda=0.154\,056$ nm，取(111)晶面衍射峰进行计算，银核约为 10.7 nm，与上述 TEM 的结果吻合。

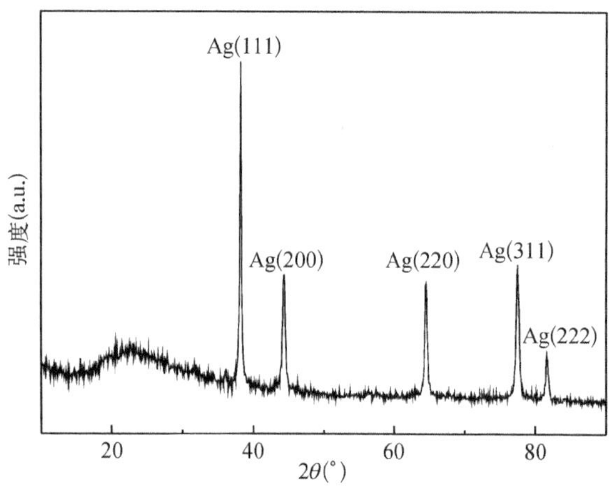

图 2-6 Ag@SiO_2核壳纳米粒子的 XRD 图($R=8$)

2.2.2 Ag@TiO_2核壳纳米粒子

1. Ag@TiO_2 核壳纳米粒子的合成和形貌分析

Ag@TiO_2核壳纳米粒子的合成机理与 Ag@SiO_2核壳粒子的相似，如图 2-7 所示。在被表面活性剂包围的水核中，银离子被水合肼还原成银单质。加入钛源后，钛醇盐与胶束中的水作用，经过水解缩聚后形成 TiO_2层沉积在银核的表面。图 2-8 给出了合成的 Ag@TiO_2核壳纳米粒子的 TEM 形貌和相应的电子衍射图。由图 2-8 可以看出，银核为近似球形，直径约 30～50 nm。2～10 nm 左右的二氧化钛壳较均匀地包覆在银核周围。电子衍射图中的衍射环分别代表面心立方银的(111)、(200)、(220)、(311)晶面，经测定得出，从内到外各衍射环对应的直径分别为 30、34、49、58 mm。根据公式 $L\lambda = dR$ (其中 L 为样品和底片的距离，λ 为电子束波长，R 为衍射环半径，d 为晶面间距，本文中 $L\lambda = 3.48$ pm)计算所得的晶面间距分别为0.232、0.204、0.142、0.120 nm，该计算结果与银的标准晶面间距基本一致(见表 2-1)。结果表明，粒子由无定形二氧化钛的外壳和面心立方结构的银纳米粒子内核组成。

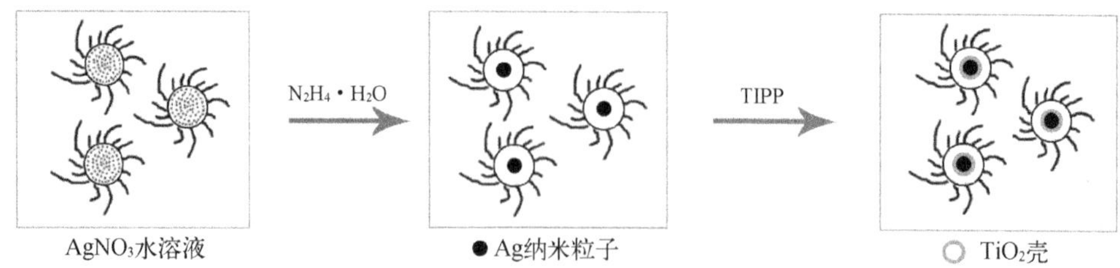

图 2-7 Ag@TiO_2核壳纳米粒子的微乳液法合成机理示意图

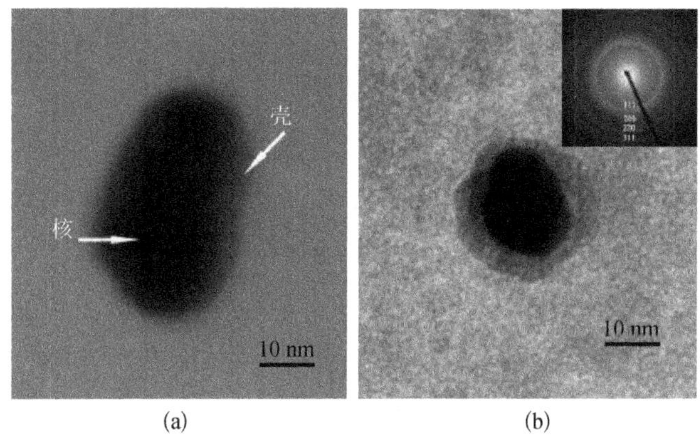

(a)　　(b)

图 2-8　不同 TIPP 浓度下 $Ag@TiO_2$核壳纳米粒子的 TEM 图和相应的电子衍射图

(a) 2.5 mmol/L;(b) 5.0 mmol/L

实验中,通过改变钛源(TIPP)的浓度来调节 $Ag@TiO_2$核壳纳米粒子中 TiO_2壳的厚度。当 TIPP 浓度较低时(2.5 mmol/L),得到的粒子外完整地包裹了薄薄一层 TiO_2,如图 2-8(a)所示。将 TIPP 浓度提高至 5.0 mmol/L 时,TiO_2壳层厚度明显增加[图 2-8(b)]。这说明通过简单变化 TIPP 的量,可以有效地调节外层 TiO_2的厚度。

表 2-1　Ag 和 $Ag@TiO_2$核壳纳米粒子的晶面间距

样 品 名 称	晶面间距(nm)			
$Ag@TiO_2$	0.232(111)	0.204(200)	0.142(220)	0.120(311)
金属 Ag	0.232(111)	0.205(200)	0.144(220)	0.122(311)

2. 光谱分析

200℃焙烧和未经热处理的 $Ag@TiO_2$核壳纳米粒子的红外光谱如图 2-9 所示。TiO_2的表面羟基主要分成两种[124],一种是端基 Ti—OH,另一种为桥式 Ti—OH—Ti。热处理后,羟基间脱除水分子,形成更多的 Ti—O—Ti 键。从图 2-9a 中可以清晰地看出,在 3 500 cm^{-1}附近出现羟基的特征吸收峰。1 600 cm^{-1}处的吸收峰为羟基的弯曲伸缩振动峰,说明表面吸附水的存在。此外,600 cm^{-1}附近宽的吸收带对应于 Ti—O—Ti 的特征吸收峰。当样品经 200℃热处理后,由于 $Ag@TiO_2$核壳粒子表面羟基间部分水的脱去,3 500 cm^{-1}处的吸收峰明显变小,600 cm^{-1}附近的吸收峰相应地增强(图 2-9b)。而此时,1 600 cm^{-1}处的吸收峰保持不变,表明表面吸附水在样品煅烧至 200℃仍存在,这可以用 TiO_2的水解缩合特性来解释。相对于其他金属氧化物纳米颗粒,TiO_2中 Ti—O 键的极性较大,表面吸附的水因极化发生解离，容易形成羟基。二氧化钛表面的羟基量随处理温度升高而迅速下降。温度对表面羟基的影响如式(2.5)所示：

$$\underset{(\text{Ⅰ})}{\mathrm{(OH)Ti{-}O{-}Ti(OH)}} \underset{(2)\ +H_2O}{\overset{-H_2O\ (1)}{\rightleftharpoons}} \underset{(\text{Ⅱ})}{\mathrm{O{=}Ti{-}O{-}Ti}} \xrightarrow{(3)} \underset{(\text{Ⅲ})}{\mathrm{Ti(O)_2Ti}} \qquad (2.5)$$

当温度升高时，二氧化钛的表面羟基(Ⅰ)首先按(1)式进行，形成较不稳定的表面氧化物(Ⅱ)。但温度低于 350℃时，状态(Ⅱ)可按(2)式发生再水合。当温度在 350℃以上，状态(Ⅱ)按(3)式变化，形成晶格氧而不易再水合。

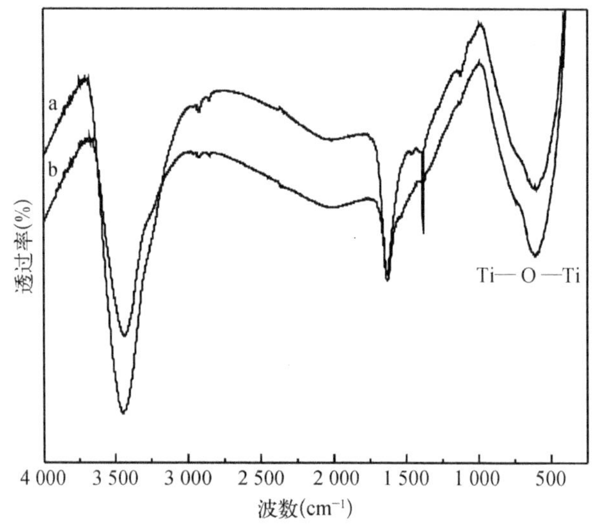

图 2-9 Ag@TiO_2核壳纳米粒子的 IR 光谱图([TIPP]=5 mmol/L)

(a) 未焙烧；(b) 200℃焙烧

采用 UV-vis 光谱分析来进一步证实 Ag@TiO_2核壳纳米粒子的形成。Mei 理论解释了球形颗粒的吸收和散射，并被延伸到其他体系，包括非球形和包覆型粒子[125]。Au、Ag 等金属粒子表面包覆上折射率高于水的无机材料时，金属的等离子最大吸收峰会发生红移。TiO_2的折射率约为 2.4，大于水的折射率(约 1.3)。因此，当银核表面包覆 TiO_2后，从图 2-10 可以看出，Ag@TiO_2核壳纳米粒子在约 450 nm 处存在一最大吸收峰，与纯银胶体相比，红移了近 50 nm。这里的红移是由两个因素引起的，一是银核表面沉积上高折射率的 TiO_2层，二是包覆 TiO_2层后纳米粒子尺寸的增大，换句话说，金属的等离子吸收峰的位置受粒子大小、形状以及粒子周围介质的光电子特性影响较大。

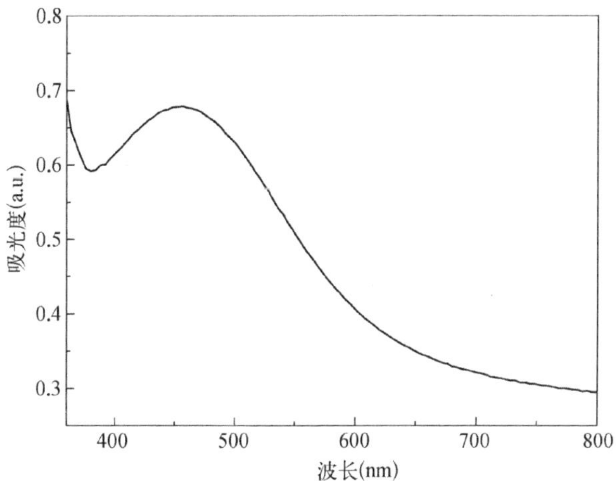

图 2-10　Ag@TiO_2核壳纳米粒子的 UV-vis 吸收光谱图(溶剂为乙醇，[TIPP]=5 mmol/L)

图 2-11 给出了 Ag@TiO_2核壳纳米粒子经自然风干、200℃和 650℃热处理后的 XRD 结果。可以看出，所有样品在衍射角 $2\theta=38°$、44.5°、64°、77°处均有明显的衍射峰，分别与面心立方银的(111)、(200)、(220)、(311)晶面对应。空气干燥和经 200℃焙烧后的样品中均没有出现 TiO_2的特征衍射峰(图 2-11a 和图 2-11b)。

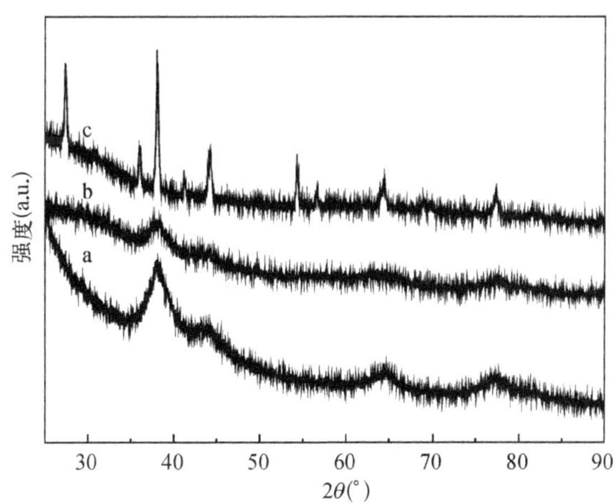

图 2-11　不同热处理温度下 Ag@TiO_2核壳纳米粒子的 XRD 图([TIPP]=5 mmol/L)

(a) 未焙烧；(b) 200℃焙烧；(c) 650℃焙烧

一般地，晶体二氧化钛存在板钛矿、锐钛矿、金红石三种不同的形式。其中，前两者为热力学亚稳定的，高温放热后不可逆地转变为金红石型，转化温度为 450～700℃。当样品经 650℃处理后，出现了金红石型 TiO_2 的特征衍射峰($2\theta=27.9°$)，这与 TiO_2 从锐钛矿型向金红石型转化的温度范围相吻合。此时，整个 XRD 曲线呈现出银和 TiO_2 的混合衍射峰。

2.2.3 红外发射率分析

Ag@TiO_2 和 Ag@SiO_2 核壳纳米粒子的红外发射率数据见表 2－2。结果表明：单一的锐钛矿型 TiO_2 纳米晶体粉末的红外发射率值[126]明显低于无定形的 TiO_2，但仍较高(0.886)。纯的亚微米级 SiO_2 粉末的红外发射率值也较高(0.785)。这是因为无机材料在热红外波段(TIR)都具有明显的宽吸收频谱。从红外谱图可以看出(图 2－4 和图 2－9)，TiO_2 和 SiO_2 在热红外波段 1 250 cm^{-1} 到 700 cm^{-1} (8～14 μm)范围内都有明显的吸收峰。由式(2.6)可知，当物质在某特定的频率范围内为不透明体，其吸收率与反射率之和为 1[127]。

$$E(\omega)=A(\omega)=1-R(\omega) \tag{2.6}$$

这里，$E(\omega)$为发射率，$A(\omega)$为吸收率，$R(\omega)$为反射率。可以看出，材料的发射率在数值上等于其吸收率。因此，无机材料的红外吸收特性导致了其红外发射率值较高。形成以金属 Ag 为核中心的核壳结构 Ag@$TiO_{2(无定形)}$ 和 Ag@SiO_2后，该结构的红外发射率值显著降低，分别为 0.514 和 0.522。究其原因，主要是由于 Ag 核较高的载流子密度使金属 Ag 具有高的反射性能，有利于降低材料的红外发射率[112]。比较 Ag@TiO_2壳层分别为无定形和金红石型 TiO_2时得到的红外发射率发现，与单一的 TiO_2 晶体粉末的红外发射率值变化规律一致，壳层为金红石型 TiO_2 的 Ag@TiO_2 核壳纳米粒子的红外发射率值更低(0.483)。这是因为红外发射率与材料的结晶性有关，金红石型 TiO_2 晶体存在周期性的晶格，晶格振动会与红外辐射发生相互作用，使红外发射率降低。随着 Ag@TiO_2 纳米粒子中二氧化钛的壳厚增加，复合粒子的红外发射率值略有上升。而在不同的 R 值条件下($R=8$ 或 12)合成的 Ag@SiO_2 核壳纳米粒子因核大小与壳厚度不同，红外发射率也不同[形貌见图 2－3(a)和图 2－3(b)]。比较发现，银核较大、壳厚较小的 Ag@SiO_2 核壳纳米粒子的红外发射率更小。

表 2-2 样品的红外发射率值

样品名称	红外发射率 ε_{TIR}(波段范围 8～14 μm)
$TiO_{2(无定形)}$	0.935
$TiO_{2(锐钛矿型)}$[30]	0.886
SiO_2	0.785
$Ag@TiO_{2(无定形)}$ *	0.514
$Ag@TiO_{2(金红石型)}$	0.483
$Ag@SiO_2$ **	0.585
$Ag@SiO_2$ ***	0.522

* [TIPP]=5 mmol/L；** $R=8$；*** $R=12$

2.3 小结

在 TX-100/环己烷/正己醇/水组成的油包水(W/O)体系中，采用微乳液法分别制得了粒径约 50～100 nm 的 $Ag@TiO_2$和 $Ag@SiO_2$核壳纳米粒子，其内核为面心立方的金属 Ag，外壳分别为无定形的 TiO_2和 SiO_2。

在制备过程中，TEOS 水解用催化剂氨水若先加入，易得到核壳结构的$Ag@SiO_2$纳米粒子，反之则易形成负载型 Ag/SiO_2复合物。随着 R 值($R=n_{水}/n_{表面活性剂}$)的增加，Ag 核的粒径变大，纳米粒子逐渐由单核变成多核。$Ag@TiO_2$核壳纳米粒子的外壳厚度随着异丙醇钛(TIPP)浓度的增加而增大。

被 TiO_2或 SiO_2包覆后 Ag 核的紫外共振吸收峰与纯胶体 Ag 相比发生了微弱红移。

高反射性能的金属 Ag 的引入使该核壳结构复合物的红外发射率明显降低，$Ag@TiO_2$和 $Ag@SiO_2$核壳纳米粒子的红外发射率最低可降至 0.483 和 0.522。$Ag@TiO_2$核壳纳米粒子的红外发射率随着外层结晶性能的提高而下降。增大银核、减小壳厚有利于降低核壳纳米粒子的红外发射率。

第 3 章

$SiO_2/Ag/TiO_2$多层核壳复合材料的制备和表征

结构有序的自组装胶体单元由于具有特殊的性能，在光子晶体[128]、传感[129]等领域都有潜在的应用。其中，三维（3D）结构的胶体自组装体系由于制备过程简单，被广泛研究和应用[130]，其制备方法多样，包括重力沉积[131]、静电作用[132]、毛细作用[133]等。组装有序的固体结构通过可控的形貌和化学组成来获得优异的物理、化学性质。到目前为止，有序的自组装核壳结构集中在将有机、无机或金属层沉积在特定的内核物质表面。这种结构可以简单、有效地调节核、壳的组成和组装顺序，从而进一步对复合材料的性质进行调节。其中，有机聚合物通常采用分散聚合[134]、异相聚合[135]和微乳液聚合[49]等方法得到，无机和混合壳层的常用制备方法有表面功能化沉积[136]、声化学[137]等，而将上述方法相结合可以制得多层自组装核壳结构，如$SiO_2/PS/TiO_2$，$Fe_3O_4/PSt/TiO_2$，$Ni/PSt/TiO_2$和$SiO_2/Ni/TiO_2$等[138]。

自组装核壳结构的无机核材料通常选用SiO_2。Kobayashi 等[68]用 Sn 功能化的SiO_2胶体为前驱体制备银壳的包覆结构，但没有得到完整的金属壳层。用含氨基硅烷偶联剂使SiO_2表面带正电，与带负电荷的 Au 胶体静电吸引，可以得到 Au 功能化的SiO_2胶体。然后以 Au 胶粒为核，在K_2CO_3、氨水存在的条件下还原$HAuCl_4$，最后在SiO_2球表面沉积一层金壳。Pol 等[137]用超声化学法将 Au 沉积在SiO_2表面，得到银壳包覆的SiO_2/Au核壳纳米粒子。Guo 课题组[138]采用化学沉积的方法将金属 Ni 沉积在多孔的SiO_2上，并在此基础上再沉积TiO_2，形成$SiO_2/Ni/TiO_2$的多层核壳结构。

在本章的研究中，首次将超声波细胞粉碎和传统的 DMF 还原Ag^+这两种方法相结合，制得 Ag 种子化的SiO_2表面。采用种子生长法制得SiO_2负载 Ag 型

SiO_2/Ag核壳复合粒子，获得了完整的银壳，作为基底的SiO_2球没有用任何表面活性剂进行修饰。另外，在此基础上进一步沉积TiO_2层，形成$SiO_2/Ag/TiO_2$多层包覆的“三明治”夹心核壳结构。通过对反应物浓度、反应时间、功率等的调节，确定了形成完整、均匀的Ag壳的条件。采用TEM、UV、AFM、XRD等方法对合成的复合材料表征，并初步探讨了包覆组成、TiO_2层的晶型等对复合粒子红外发射率的影响。

3.1 实验部分

3.1.1 材料

异丙醇钛（TIPP），Fluka公司；正硅酸乙酯（TEOS），上海化学试剂厂，减压蒸馏，新鲜使用；硝酸银（$AgNO_3$），上海化学试剂厂；聚乙烯基吡咯烷酮（PVP，K30），上海化学试剂厂，聚合度360。其他所用试剂均为市售分析纯，使用前未经进一步纯化。实验用水均为二次蒸馏水。

3.1.2 SiO_2粒子的制备

基底SiO_2球采用Stöber－Fink－Bohn方法制得[59]。具体步骤如下：25℃下，将氨、水的乙醇溶液混合于100 mL三颈瓶中，在不断搅拌下加入适量TEOS，10 min内出现白色乳光，表明水解后的硅酸开始缩合。反应3 h后，将得到的混合液抽滤，水洗，50℃下真空干燥。

3.1.3 SiO_2/Ag核壳复合粒子的制备

SiO_2/Ag核壳粒子的制备分为两步：采用超声法对SiO_2粒子表面Ag种子化（seed）；用甲醛作还原剂进一步生长银壳。具体过程如下：

将质量分数为0.02%的SiO_2粒子分散于含8 mmol/L PVP的45 mL DMF溶液中，低功率超声10 min。配制5 mL 0.8 mmol/L的$AgNO_3$水溶液。将上述两溶液混合后，进行超声反应（功率：400～800 W；温度：28℃，反应时间：10～30 min），得到Ag种子化的SiO_2粒子[$SiO_2/Ag_{(sd1)}$]，随着反应次数的增加，得到的产物分别依次记作[$SiO_2/Ag_{(sd2)}$]、[$SiO_2/Ag_{(sd3)}$]。通过改变功率、时间等反应条件，同时重复上述实验过程，来改变SiO_2粒子表面的Ag覆盖密度。

为了进一步生长Ag壳，将Ag种子化的SiO_2粒子[$SiO_2/Ag_{(sd3)}$]分散于10 mL

质量分数为0.1%的水中，与10 mL 0.15 mmol/L（或1.5 mmol/L）的$AgNO_3$溶液混合，而后加入25 μL甲醛和25 μL氨水，反应30 min，结束后将产物离心分离，水洗，50℃下真空干燥，得到SiO_2/Ag核壳复合粒子。

3.1.4 SiO_2/Ag/TiO_2多层核壳复合粒子的制备

TiO_2层的制备参照文献[75]，具体步骤为：将制得的质量分数为0.1%的SiO_2/Ag核壳复合粒子分散于100 mL无水乙醇中。先后加入一定量的TIPP。在回流下反应1.5 h。反应物冷却至室温后，将产物离心，用水和乙醇交替洗涤。循环上述反应步骤，可以得到三次包覆TiO_2层的SiO_2/Ag/TiO_2多层核壳复合粒子。将得到的粒子进行热处理，温度分别取200℃和650℃。

3.1.5 表征

SiO_2/Ag、SiO_2/Ag/TiO_2核壳复合粒子经KBr压片，用Nicolet Magna - IR 750光谱仪作红外光谱（IR）分析。用SHIMADZU UV - 2201紫外-可见光谱仪进行紫外-可见光谱（UV - vis）分析，乙醇作分散液。用XD - 3A X射线衍射仪进行XRD测试（测定条件：X射线为Cu线，波长λ为0.154 056 nm，40 kV/30 mA）。采用Hitachi H - 600型透射电子显微镜（TEM）（工作电压120 kV）和Veeco/Digital Instruments Ⅲa型原子力显微镜（AFM）观察粒子的形貌分析。红外发射率（8～14 μm）用IRE - 1红外辐射仪（中国科学院上海技术物理研究所）进行测定。

3.2 结果与讨论

3.2.1 合成机理

SiO_2/Ag/TiO_2核壳复合粒子的形成可以分为三个步骤：首先是生成Ag种子化的SiO_2表面；其次是用甲醛作还原剂在Ag种子上进一步生长Ag壳；最后就是钛源（TIPP）在Ag壳上的沉积。

SiO_2表面的种子化过程是通过将超声波细胞粉碎和传统的DMF还原Ag^+两种方法相结合实现的，具体过程如图3 - 1所示。从示意图中的步骤Ⅰ可以看到，在PVP和DMF的共同作用下，Ag^+被还原成Ag单质。此时，PVP作为保护剂起了很重要的作用，其机理可分为三个步骤[139]：(a) Ag^+和PVP之间形成配位键，

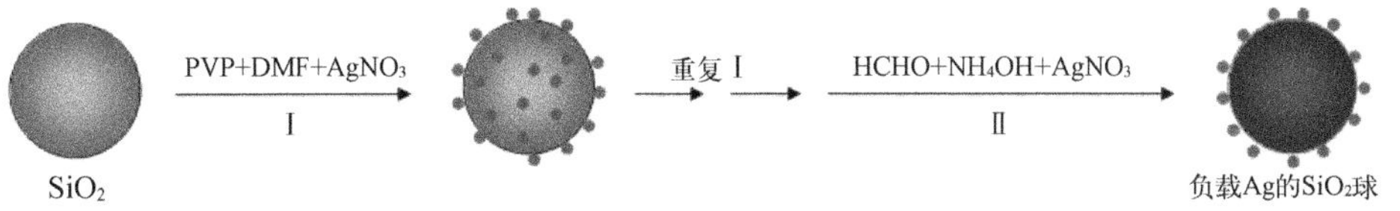

图3-1　SiO_2表面的Ag种子化和Ag壳生长示意图

PVP中的N、O有孤对电子，容易与有空轨道的Ag^+配位，形成Ag^+-PVP，见式(3.1)；(b) PVP加快Ag粒子的成核速率；(c) PVP控制粒子的生长和聚集。因此，PVP有利于Ag粒子的生成，Ag^+-PVP中的Ag^+比Ag^+-H_2O中的更容易被还原。为了证实这点，在不加PVP和添加PVP的条件下，保持其他因素不变进行实验，发现添加PVP的反应液在反应初期出现明显的颜色变化，从无色变成粉色。而不加PVP的反应液直到反应结束，溶液的颜色都没有发生变化，证明了PVP的加速成核作用。另外，DMF对Ag^+的还原的反应方程式见式(3.2)。一般情况下，DMF在室温下还原Ag^+，需要两周左右，且反应速率随着反应温度的升高而加快。因此，通常在回流的条件下进行反应。本实验在800 W的超声反应下进行，大功率作用下的超声波产生的气泡中存在一个"界面区"(interfacial region)，其温度通常在100℃以上，提供了适合的温度使反应能在较短时间进行[19]。同时，超声波中坍塌的气泡(collapsing bubbles)产生的微喷射流(microjets)和振动波(shock waves)赋予粒子一个加速度，使银纳米粒子以很高的速度被推向SiO_2大粒子表面。以上分析结果表明，在超声条件和添加剂PVP的双重作用下得到了Ag种子化的SiO_2表面。接下来是Ag壳的生长，在氨的水溶液中，用甲醛还原Ag^+，在种子化的SiO_2表面进一步生长Ag壳，具体见步骤Ⅱ。

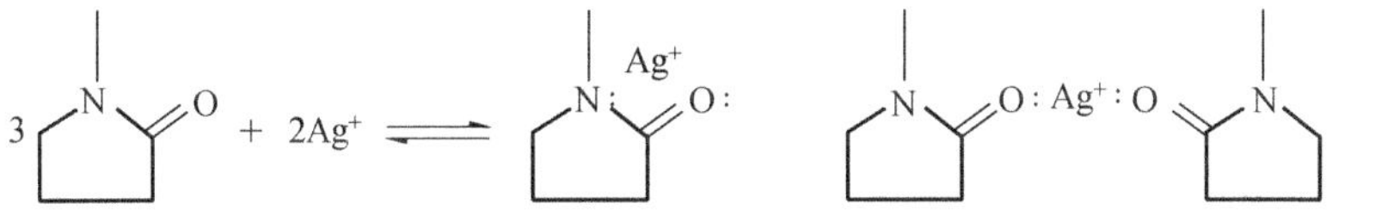

(3.1)

$$HCONMe_2 + 2Ag^+ + H_2O \longrightarrow 2Ag + Me_2NCOOH + 2H^+ \quad (3.2)$$

3.2.2　形貌分析

1. 超声功率和时间对SiO_2表面Ag种子化的影响

首先，在Ag种子化的过程中，考察了不同的超声波功率和时间对形成Ag纳米粒子的影响。如图3-2所示，图3-2(a)和图3-2(b)分别代表反应时间为30 min，功率分别为400 W和600 W时得到的$SiO_2/Ag_{(sd1)}$；图3-2(c)和图3-

2(d)代表 800 W 下反应时间分别为 10 min 和 30 min 得到的 $SiO_2/Ag_{(sd1)}$。结果表明，随着功率的不断增加(400～800 W)，时间的延长(10～30 min)，沉积在 SiO_2 表面的 Ag 纳米粒子数量明显增加。根据上述机理部分的讨论可知，超声反应的功率大小对 Ag 纳米粒子的形成有较大影响。超声过程中产生的气泡等内部环境会随着功率的变化而改变。在较大功率下，Ag 粒子的还原更容易进行，沉积到 SiO_2 表面的概率也相应增加。另外，延长反应时间，在保持较大功率的前提下(800 W)，也使更多的 Ag 粒子被吸附到 SiO_2 表面，得到 $SiO_2/Ag_{(sd1)}$。因此，接下来的实验都选择在功率 800 W，反应时间 30 min 下进行。

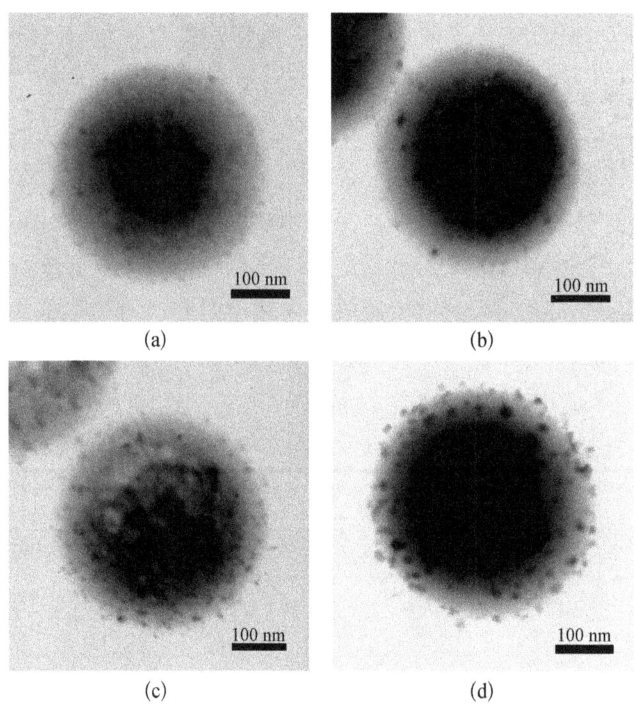

图 3-2　不同超声波功率和反应时间下 $SiO_2/Ag_{(sd1)}$ 复合粒子的 TEM 图

(a) 400 W，30 min；(b) 600 W，30 min；(c) 800 W，10 min；(d) 800 W，30 min

2. TEM 分析

图 3-3 显示了 Ag 纳米粒子和 TiO_2 层在 SiO_2 球上的先后沉积过程。可以看出，单纯的 SiO_2 球直径约 400 nm，大小均一，且分散性良好[图 3-3(a)]。在超声环境下，Ag^+ 与 PVP 络合，在 DMF 溶液中被还原成 20 nm 左右的 Ag 纳米粒子[图 3-3(b)]。同时，在超声波产生的微溅射流的推动下，众多的 Ag 纳米粒子以

较高的速度被推向 SiO_2 并附着在其表面。在相同反应条件下重复上述步骤，这时 SiO_2 表面的 Ag 粒子增加了，而原先沉积的部分 Ag 纳米粒子也明显增大[图 3－3(c)]。这一结果表明，循环反应步骤，不仅生成了新的 Ag 纳米粒子，之前的 Ag 粒子也逐渐长大，SiO_2 表面 Ag 纳米粒子的密度增加，为银壳的进一步生长提供了必要的银种子。采用甲醛作还原剂，在碱性条件下还原 Ag^+，在负载银种子的 SiO_2 表面继续生长银壳。此时，Ag^+ 浓度取为 1.5 mmol/L。图 3－3(d)为经过甲醛一次还原反应后得到的不连续的银壳。明显地，在甲醛的作用下，以 SiO_2 表面的 Ag 纳米粒子为基础，银在其上生长，包裹在 SiO_2 外的银数量显著增加。但一次反应还不足以将 SiO_2 球全部包覆，而得到不完整的银壳。采用甲醛三次反应后，SiO_2 外层的银壳进一步生长，得到了银壳完整包裹的 SiO_2/Ag 核壳复合粒子[图 3－3(e)]。而且，从 TEM 分析结果来看，溶液中没有散落的 Ag 纳米粒子。另外，利用异丙醇钛(TIPP)的水解缩合，TiO_2 层成功地沉积在 SiO_2/Ag 核壳复合粒子的表面，如图 3－3(f)所示。可以看到，Ag 壳外层包覆了一层薄薄的 TiO_2 层。由于 TiO_2 呈现的颜色较淡，因此从 TEM 图片上看不是很明显。TiO_2 的成分将在后面的光谱和 XRD 分析中证实。

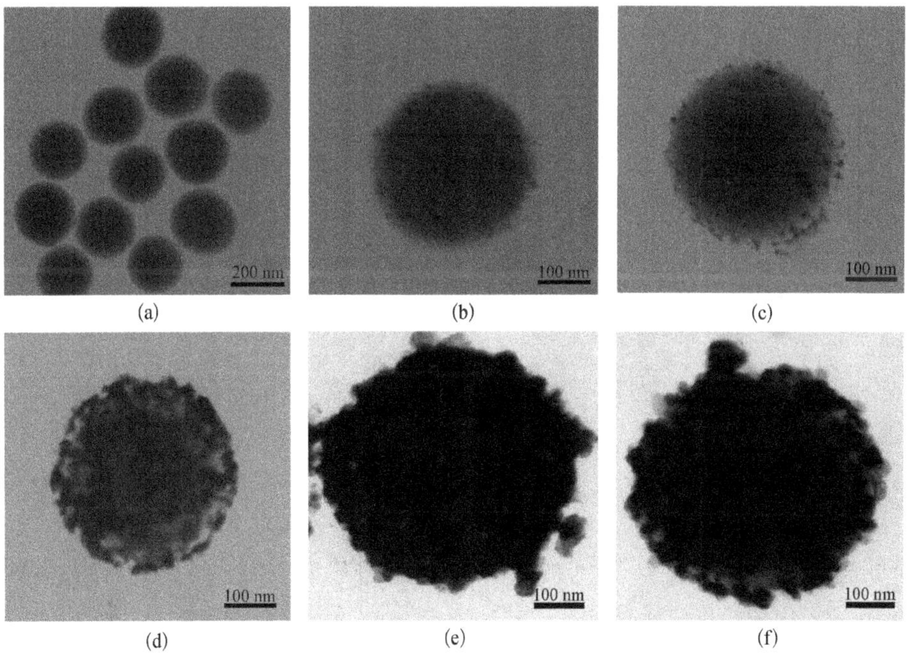

图 3－3　在 SiO_2 球上先后沉积 Ag 纳米粒子和 TiO_2 层的 TEM 图

(a) 纯 SiO_2 球；(b) Ag 纳米粒子第一次沉积；(c) Ag 纳米粒子第二次沉积；(d) 不连续的银壳包覆；(e) 完整的银壳包裹；(f) 在 SiO_2/Ag 核壳复合粒子表面沉积 TiO_2 层

3. SiO_2/Ag 核壳复合粒子的 AFM 分析

为了进一步了解 Ag 壳包覆 SiO_2后得到的 SiO_2/Ag 核壳复合粒子的表面形貌,采用 AFM 分别对纯 SiO_2粒子和 SiO_2/Ag 核壳复合粒子进行观测,如图 3-4(a)和图 3-4(b)所示。可以看出,未修饰的 SiO_2球的直径约 400 nm,呈单分散,与上述的 TEM 结果一致。而且,粒子表面光滑。当 Ag 壳沉积在二氧化硅球表面后,可以清晰地看到银粒子较均匀地分散,得到均一的表面。

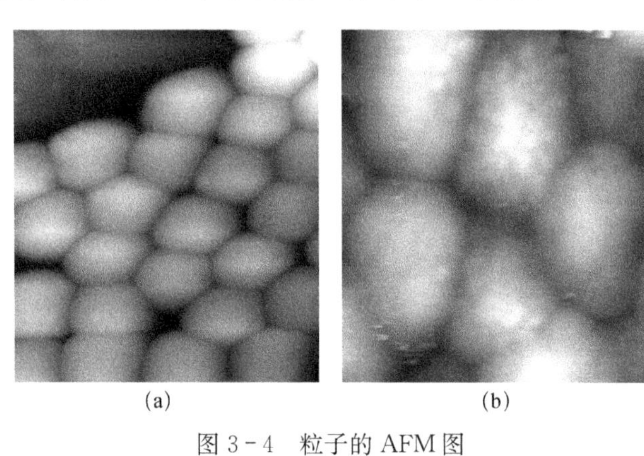

(a) (b)

图 3-4 粒子的 AFM 图

(a) 纯 SiO_2球;(b) SiO_2/Ag 核壳复合粒子

4. Ag^+浓度对银壳生长的影响

SiO_2/Ag 核壳复合粒子的制备过程中,使用甲醛作还原剂来生长 Ag 壳时,采用了两种不同的 Ag^+浓度,分别为 0.15 mmol/L 和 1.5 mmol/L,得到的 SiO_2/Ag 核壳复合粒子如图 3-5 所示。在整个实验过程中,生长 Ag 壳之前的 Ag 种子化步骤的实验参数均相同(功率 800 W,时间 30 min,三次反应)。从图中可以看出,当 Ag^+浓度较低时,得到的 Ag 壳不均匀,且溶液有散落的 Ag 纳米粒子,表明形成的 Ag 纳米粒子形貌、大小不均,此时的 Ag 没有完全沉积在 SiO_2的表面[图 3-5(a)]。Jackson 等[140]通过不同的制备方法来研究 SiO_2/Ag 核壳复合粒子的形貌变化和光学性质,指出 Ag 的形貌与 Ag^+被还原的速率有关。还原速率较慢,Ag 纳米粒子的形貌不规则。当采用阿拉伯胶和柠檬酸的混合溶液,前者在稳定 Ag^+的同时,降低其还原速率,得到钉状 Ag 粒子包覆在硅球的表面,从而得到不规整的 Ag 壳。而使用没食子酸丙酯的氨溶液制得的 Ag 壳表面较均匀,Ag 纳米粒子在表面聚集生长。类似地,实验中当 Ag^+浓度提高至 1.5 mmol/L 后,浓度增加使 Ag^+的还原速率提高,得到图 3-5(b)所示的较均匀的 Ag 壳。这一结果证明了较高的 Ag^+浓度有利于 Ag 在 SiO_2表面的生长、沉积和包覆,获得较均匀的 Ag 包覆层。

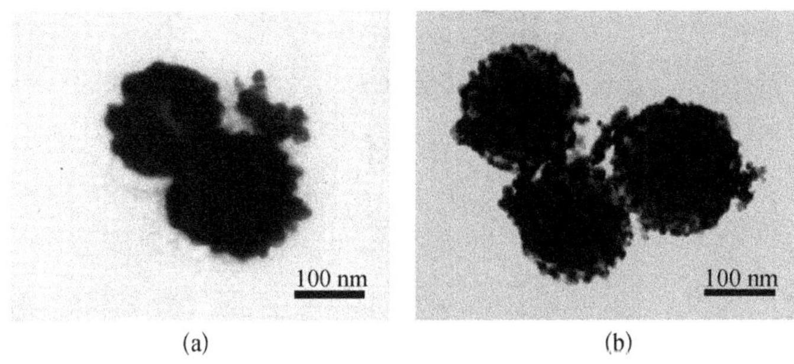

图3-5　不同银离子浓度下 SiO_2/Ag 核壳复合粒子的TEM图

(a) 0.15 mmol/L；(b) 1.5 mmol/L

3.2.3　光谱分析

为了证明多层夹心复合粒子的基本组成，采用红外光谱进行分析，如图3-6所示。与第2章中 $Ag@SiO_2$ 核壳纳米材料类似，复合粒子在 3 420 cm^{-1} 处出现了—OH的反对称伸缩振动特征吸收峰和 1 630 cm^{-1} 处—OH的弯曲伸缩振动峰。同时，强吸收的Si—O—Si键对应 1 100 cm^{-1} 处的特征峰，是由Si—O—Si的不对称伸缩振动引起的。而 800～1 000 cm^{-1} 附近的特征峰为Si—O—Si的对称伸缩振动峰。另外，金属在红外波段内几乎没有吸收，从整个红外光谱图来看，Ag壳的包覆不影响 SiO_2 的红外特征吸收峰(图3-6a)。随着 TiO_2 层的沉积，从图3-6b中可以明显看到 1 000 cm^{-1} 以下出现一个大而宽的吸收峰，对应于Ti—O—Ti的特征

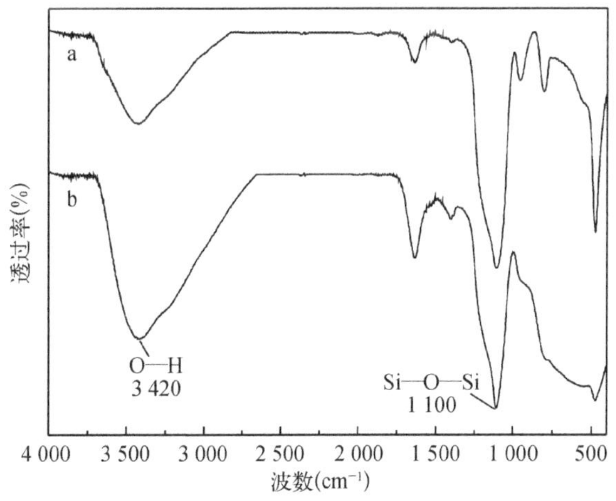

图3-6　样品的IR光谱图

(a) SiO_2/Ag 核壳复合粒子；(b) 未经热处理的 $SiO_2/Ag/TiO_2$ 核壳复合粒子

吸收峰。新的特征峰将 SiO_2 在 800～1 000 cm^{-1} 的吸收峰覆盖。此时，3 420 cm^{-1} 处—OH 的特征吸收峰也有所增强，这是因为引入的 TiO_2 层的表面羟基所致。

为了进一步证实 $SiO_2/Ag/TiO_2$ 核壳复合粒子的形成，对应的 UV－vis 光谱如图 3－7 所示。纯的 SiO_2 球具有较强的散射作用，因此在紫外可见光谱范围内没有出现吸收峰(图 3－7a)。沉积 Ag 壳后，从图 3－7b 上可以看到，在 415 nm 附近出现一个明显的宽峰，这是由金属 Ag 纳米粒子的表面等离子共振吸收所引起的，结合上述 TEM 分析，说明了 SiO_2 表面 Ag 壳的形成。当银壳表面继续包覆 TiO_2 后，Ag 粒子的共振吸收峰发生微弱的红移，从 UV 曲线上来看，向低波数移动了大约 8 nm(图 3－7c)。金属粒子的周围环境对金属的等离子共振吸收峰位置影响较大，与 Ag@TiO_2 核壳纳米粒子相似，高折射率的 TiO_2 层沉积在银表面改变了 Ag 周围的光电子特性[141]，因此导致 Ag 共振吸收峰红移。同时，包覆 TiO_2 层后银的吸收峰明显宽化了，这可能是由于 TiO_2 层的包裹使内部的 Ag 壳变得相对孤立，Ag 壳之间的静电相互作用减弱，导致 Ag 的等离子共振吸收峰变宽。

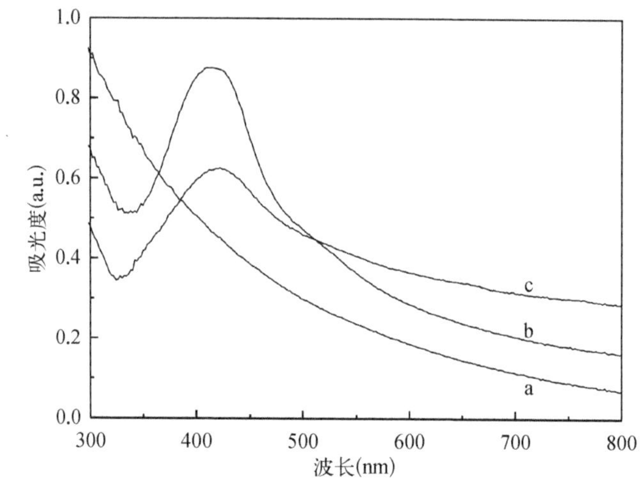

图 3－7　样品的 UV－vis 吸收光谱图

(a) 纯 SiO_2 球；(b) SiO_2/Ag 核壳复合粒子；(c) $SiO_2/Ag/TiO_2$ 核壳复合粒子

将制得的 $SiO_2/Ag/TiO_2$ 核壳复合粒子分别经 200℃和 650℃焙烧。图 3－8 为该复合粒子热处理前后的 XRD 曲线。从图中可以看出，在衍射角 $2\theta=38°$、44.5°、64°和 77°处有明显的衍射峰，分别对应银的(111)、(200)、(220)和(311)晶面，表明沉积在 SiO_2 表面的 Ag 为面心立方结构(JCPDS file, No.4－783)，且结晶度良好。另外，在衍射角 $2\theta=21°$ 处出现一明显的衍射宽峰，该峰与无定形 SiO_2 的特征衍射峰相对应。未经焙烧的复合粒子只呈现出 Ag 和 SiO_2的特征衍射峰(图 3-8a),而没有出现 TiO_2的特征峰,说明这时包覆在最外层的为无定形 TiO_2。从图 3-8b 看到,经 200℃焙烧后的复合粒子在 25.3°处出现了锐钛矿型 TiO_2的特征衍射峰,由于该峰较强而大大削弱了无定形 SiO_2的衍射峰包。另外,在 50°附近出现的两个较弱的衍射峰,对应于板钛矿型 TiO_2的特征衍射峰,说明得到的为锐钛矿和板钛矿型 TiO_2的混合衍射峰。同时 Ag 壳的衍射峰也大大减弱,在 38°处银(111)晶面的衍射峰大幅度减弱,其他位置的特征衍射峰受到 TiO_2特征峰的干扰而消失。随着热处理温度的进一步提高,复合粒子经 650℃焙烧后(图 3-8c),图 3-8b中 50°附近出现的两个较弱板钛矿型 TiO_2的特征衍射峰被单峰所取代,表明在高温处理后多层核壳复合粒子表面 TiO_2的晶型由板钛矿向锐钛矿转化。此时,25.3°处锐钛矿型 TiO_2的特征衍射峰明显地变尖、变强,其他各处的特征峰都很尖锐,这是由于高温焙烧后的粒子尺寸变大,且结晶性更好的缘故。此时,XRD 曲线呈现锐钛矿型 TiO_2的特征峰结构。

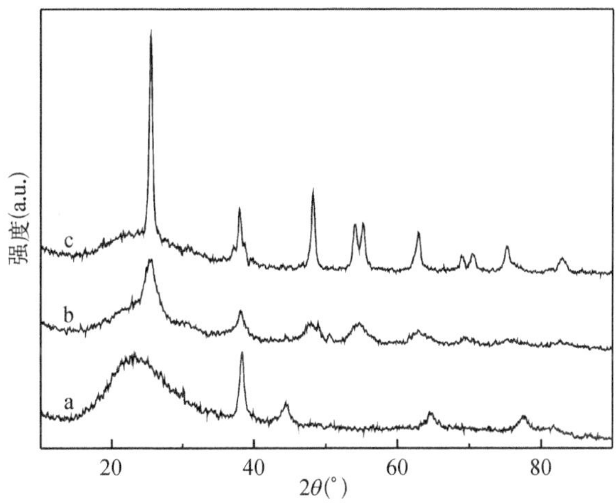

图 3-8 不同热处理温度下 $SiO_2/Ag/TiO_2$多层核壳复合粒子的 XRD 图

(a) 未焙烧;(b) 200℃焙烧;(c) 650℃焙烧

3.2.4 红外发射率分析

SiO_2/Ag 和 $SiO_2/Ag/TiO_2$核壳复合粒子的红外发射率数据见表 3-1。结果表明:由于纯的 SiO_2粉末在热红外波段(TIR)有吸收峰(图 3-6a),而呈现较高的红外发射率值(0.785)。当 SiO_2表面 Ag 种子化后,得到三次包覆的 $SiO_2/Ag_{(sd3)}$

的红外发射率值显著降低至0.517。包覆上金属Ag壳后，形成SiO_2/Ag核壳复合粒子，其红外发射率值进一步降低至0.410，这与Ag@SiO_2核壳结构的红外发射特性相似，但红外发射率值更小。这可能一部分是由于金属Ag壳的包裹使SiO_2/Ag核壳复合粒子具有高的反射性能，而高反射对应于低吸收。同时，Ag壳完整包覆在二氧化硅表面后，也减少了基底SiO_2对入射光的吸收。此外，实验中采用亚微米的SiO_2球，与纳米相比较，对红外辐射的散射作用更强，使复合材料的红外发射率进一步下降[36]，这些都有利于降低材料的红外发射率。形成SiO_2/Ag/TiO_2多层核壳复合粒子后，其红外发射率值仍较低，与SiO_2/Ag核壳复合粒子相比略有升高。从测试数据可以看出，随着热处理温度的提高，TiO_2壳层的结晶性越好，红外发射率值越小，这可能是由于温度升高，TiO_2纳米粒子逐渐长大，晶格畸变减小并趋于完整晶格所致。

表3-1 样品的红外发射率值

样 品 名 称	红外发射率 ε_{TIR}(波段范围 8～14 μm)
SiO_2	0.785
SiO_2/$Ag_{(sd3)}$	0.517
SiO_2/Ag	0.410
SiO_2/Ag/$TiO_{2(无定形)}$	0.685
SiO_2/Ag/$TiO_{2(混合晶型)}$ *	0.627
SiO_2/Ag/$TiO_{2(锐钛矿型)}$	0.557

* 锐钛矿型和板钛矿型

3.3 小结

将超声波细胞粉碎技术和传统的DMF还原Ag^+技术相结合，将SiO_2表面Ag种子化，然后以甲醛为还原剂生长Ag壳，制得SiO_2/Ag核壳复合粒子。在Ag种子化过程中，PVP的添加加速了Ag^+的成核和生长，在超声功率800 W，反应时间30 min下，大小均一的Ag纳米粒子均匀地分散在SiO_2表面，随着反应次数的增加，SiO_2表面的Ag纳米粒子的尺寸和密度逐渐增大。在无机材料SiO_2中引入金属Ag，其高的反射性能使得到的SiO_2/Ag核壳复合粒子的红外发射率显著降低。其中，SiO_2/Ag核壳复合粒子的红外发射率比SiO_2表面Ag种子化后得到的SiO_2/$Ag_{(sd3)}$的要更低，为0.410。

以 SiO_2/Ag 核壳复合粒子为基底进一步水解沉积 TiO_2，得到由无定形的 SiO_2、面心立方结构 Ag 壳和无定形 TiO_2组成的 $SiO_2/Ag/TiO_2$“三明治”夹心多层复合粒子，高温热处理后，最外层无定形 TiO_2向锐钛矿型转化。该多层复合粒子的红外发射率也较低，与 SiO_2/Ag 核壳复合粒子相比略有升高。不同晶型 TiO_2外层的 $SiO_2/Ag/TiO_2$复合粒子的红外发射率值也不同，壳层为锐钛矿型 TiO_2的 Ag@TiO_2核壳纳米粒子[$SiO_2/Ag/TiO_{2(锐钛矿型)}$]的红外发射率值比壳层为无定形和混合晶型的要低，为 0.557。

第4章

$SiO_2/TiO_2/Ag$ 多层核壳复合材料的制备和表征

核壳结构复合粒子因其变化的形貌、可控的化学组成，在催化、电、磁和光子晶体等领域都有广泛的应用。通过对材料的结构、尺寸和组成的控制，在较大范围内调节其光、电、磁、催化和机械等性能。目前，金属的沉积以 SiO_2 作为基底的报道较多。常用的方法有反相微乳液法、化学沉积预处理、声化学合成和表面功能化沉积法等[142]。由于金属的引入，半导体/金属核壳复合粒子呈现出优异的性能，用于催化剂、传感器和表面增强拉曼基底等。Halas 工作小组[143]在研究 Au 壳包覆的核壳结构中指出，改变核与壳的尺寸，Au 壳的等离子共振响应可从可见光移至红外光谱范围。Liu 等[142]首次采用银纳米粒子作为种子生长完整的银壳。Liz - Marzan 课题组[144]采用化学沉积的方法制备了 $Au/SiO_2/Ag$ 夹层双金属结构。

以上都是关于金属在单一氧化物表面沉积的报道。在第 3 章中，制备了以 SiO_2 为基底，Ag 壳为夹层的 $SiO_2/Ag/TiO_2$ 多层核壳结构。在此基础上，又发展了一种核壳结构复合氧化物组分，以此作为沉积 Ag 壳的载体。目前国内外有很多关于复合氧化物的研究，包括 CeO_2-ZrO_2、SiO_2-ZrO_2、$ZrO_2-Al_2O_3$ 等[145]。采用双注控制沉积法(controlled double-jet precipitation, CDJP)将反应物添加到含有 SiO_2 的溶液中，通过直接的表面反应来制备 SiO_2-ZnO 复合粒子，在 SiO_2 表面得到一层 ZnO 纳米粒子或薄层。用多步法在 SiO_2 表面沉积 TiO_2 层，得到了单分散的 SiO_2/TiO_2 复合粒子。其中，TiO_2 层的厚度通过沉积次数来调节。

尽管控制合成含有不同化学组分、形貌和尺寸的半导体胶体粒子的方法很多，研究者们采用自组装、化学掺杂、声化学等方法将金属粒子应用到半导体纳米粒子表面。而通过直接的表面反应和水解物种的凝聚，将包覆物沉积在悬浮的核上形成壳，通过调整实验参数来达到其要求厚度，控制粒子的尺寸分布及形貌，合成具有奇特的光、电、磁及催化性能的核壳型材料仍是一个挑战的课题。因此，在本章的研究中，采用 SiO_2/TiO_2 复合氧化物作为基底，沉积银纳米粒子，并进一步生长银壳。SiO_2/TiO_2 核壳复合氧化物粒子的壳厚通过沉积次数来控制，银壳的生长方法与第 3 章相同。采用 TEM、UV、XRD 等方法对合成的复合材料进行表征，并初步探讨了复合粒子的红外辐射性能。

4.1　实验部分

4.1.1　材料

钛酸丁酯（TBOT），国药集团化学试剂有限公司；正硅酸乙酯（TEOS），国药集团化学试剂有限公司，减压蒸馏，新鲜使用；硝酸银（$AgNO_3$），国药集团化学试剂有限公司；聚乙烯基吡咯烷酮（PVP，K30），国药集团化学试剂有限公司，聚合度 360。其他所用试剂均为市售分析纯，使用前未经进一步纯化。实验用水均为二次蒸馏水。

4.1.2　SiO_2 粒子的制备

按照前述方法制备（第 3 章 3.1.2）。

4.1.3　SiO_2/TiO_2 核壳复合粒子的制备

将 150 mg 制得的 SiO_2 球分散于 40 mL 无水乙醇中。先后加入一定量的水和 TBOT。在 85℃ 回流条件下反应 1.5 h。反应物冷却至室温后，将产物离心，用水和乙醇交替洗涤。得到的产物记作 SiO_2/TiO_2。对包覆的粒子 650℃ 下煅烧 5 h。循环上述反应步骤，可以分别得到不同包覆 TiO_2 层次数的二氧化硅/二氧化钛核壳复合粒子。

4.1.4　$SiO_2/TiO_2/Ag$ 多层核壳复合粒子的制备

焙烧后的 SiO_2/TiO_2 核壳复合粒子进行银壳的沉积，具体可分为两步：采用超声化学法对 SiO_2/TiO_2 粒子表面 Ag 种子化（seed）；用甲醛作还原剂进一步生长银壳。具体过程见第 3 章 3.2.1。其中，超声反应的条件为功率：800 W；温度：28℃；反应时间：30 min。甲醛还原时使用的 Ag^+ 浓度为 1.5 mmol/L。将负载 Ag 种子的 SiO_2/TiO_2 核壳复合粒子记作［$SiO_2/TiO_2/Ag_{(sd)}$］。$SiO_2/TiO_2/Ag$ 多层核壳复合粒子的形成过程如图 4-1 所示。

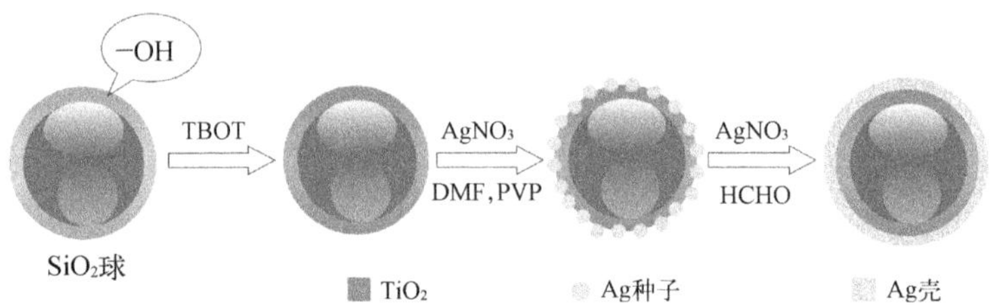

图 4-1　$SiO_2/TiO_2/Ag$ 多层核壳复合粒子的形成过程示意图

4.1.5　表征

SiO_2/TiO_2、$SiO_2/TiO_2/Ag$ 核壳复合粒子经 KBr 压片，用 Nicolet Magna-IR 750 光谱仪作红外光谱(IR)分析。用 SHIMADZU UV-2201 紫外-可见光谱仪进行紫外-可见光谱(UV-vis)分析，乙醇作分散液。用 XD-3A X 射线衍射仪进行 XRD 测试(测定条件：X 射线为 Cu 线，波长 λ 为 0.154 056 nm，40 kV/30 mA)。采用 JEM-2100 型透射电子显微镜(TEM)(工作电压 200 kV)观察粒子的形貌分析。红外发射率(8～14 μm)用 IRE-1 红外辐射仪(中国科学院上海技术物理研究所)进行测定。

4.2　结果与讨论

4.2.1　形貌分析

图 4-2 为 TiO_2 层沉积到 SiO_2 球表面的 TEM 和 HRTEM。可以看出，纯 SiO_2 为平均直径约 220 nm 的球形粒子［图 4-2(a)］。随着二氧化钛的沉积，形成的 SiO_2/TiO_2 复合粒子的直径明显增加，TiO_2 的沉积量也随着 TBOT 的用量而增加。TBOT 的浓度较低时(0.01 mol/L)，生成的 TiO_2 为 3～5 nm 的均匀薄层［图 4-2(b)和图 4-2(c)］。当 TBOT 的浓度增加到 0.02 mol/L 时，TiO_2 在 SiO_2 球表面形成约 10 nm 厚的多层包覆，且球粒子之间没有聚集现象［图 4-2(e)、

图 4-2(f)和图 4-2(h)]。SiO_2/TiO_2 复合粒子的表面被高分辨率透射电子显微镜(HRTEM)局部放大后[图 4-2(d)和图 4-2(g)]，可见 TiO_2(101)晶面对应的晶格间距 3.55 Å 和 3.46 Å，表明该包覆层为锐钛矿型 TiO_2。

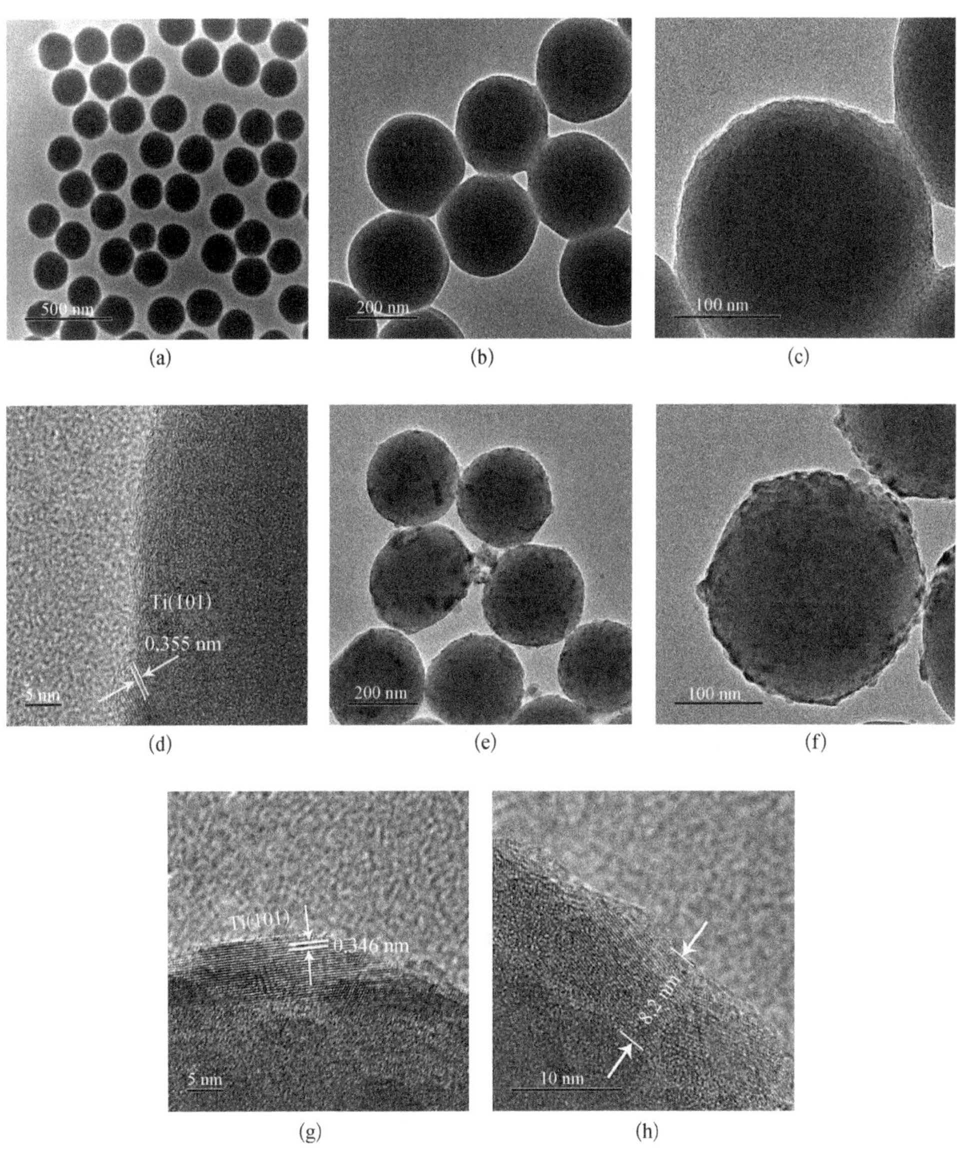

图 4-2　样品的 TEM 和 HRTEM 图

(a) 纯 SiO_2 球；(b, c, d) 一次包覆 TiO_2 层的 $SiO_2/TiO_{2(1)}$ 核壳复合粒子；(e, f, g, h) 二次包覆 TiO_2 层的 $SiO_2/TiO_{2(2)}$ 核壳复合粒子

以 SiO_2/TiO_2复合粒子为基底，将 Ag 纳米粒子和 Ag 壳进一步修饰其上，结果如图 4-3 所示。一次负载 Ag 种子的 SiO_2/TiO_2核壳复合粒子表面的 Ag 纳米粒子直径约 20 nm[图 4-3(a)和图 4-3(b)]。重复沉积次数后，复合粒子表面的 Ag 纳米粒子密度明显增加，同时，之前的 Ag 纳米粒子尺寸也有所增大[图 4-3(d)和图 4-3(e)]。这些 Ag 纳米粒子可作为“种子”，为进一步在 $SiO_2/TiO_2/Ag_{(sd)}$表面生长 Ag 壳提供了必要的条件。采用甲醛还原硝酸银获得 Ag 单质的方法，顺利地在 SiO_2/TiO_2表面包覆了 Ag 壳，获得 $SiO_2/TiO_2/Ag$ 多层核壳复合粒子[图 4-3(g)]。此外，利用高倍透射从复合粒子的边缘进行观察后进一步证实了 SiO_2/TiO_2表面 Ag 纳米粒子和 Ag 壳的负载。由图 4-3(c)和图 4-3(f)可知，Ag(111)晶面对应的晶格间距分别为 2.4 Å 和 2.33 Å，表明沉积的 Ag 纳米粒子为面心立方(*fcc*)Ag。同时，通过进一步表征发现，沉积在最外层的银壳也具有良好的结晶性，其晶格间距为 2.03 Å，对应面心立方(*fcc*)Ag 的(200)晶面[图 4-3(h)]。结果表明，上述两种分别制备 Ag 纳米粒子和 Ag 壳的方法均能获得结晶性一致且良好的面心立方 Ag。

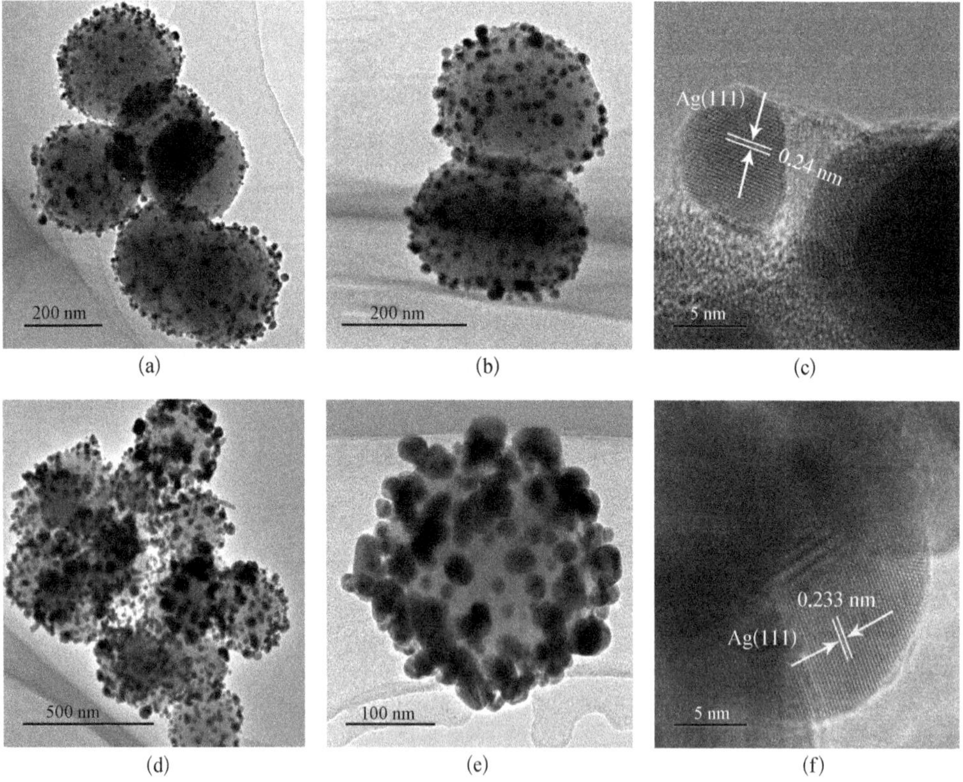

图 4-3　样品的 TEM 和 HRTEM 图

(a,b,c) 一次负载 Ag 种子的 $SiO_2/TiO_2/Ag_{(sd1)}$ 核壳复合粒子；(d,e,f) 二次负载 Ag 种子的 $SiO_2/TiO_2/Ag_{(sd2)}$ 核壳复合粒子；(g,h) Ag 壳完整包覆的 $SiO_2/TiO_2/Ag_{(sh)}$ 多层核壳复合粒子

4.2.2　光谱分析

采用红外光谱对 SiO_2、SiO_2/TiO_2 和 $SiO_2/TiO_2/Ag_{(sh)}$ 的结构组成进行分析，如图 4-4 所示。从图 4-4a 中可以看出，在 3 447 cm^{-1} 和 1 630 cm^{-1} 处分别为 SiO_2 表面羟基的反对称伸缩振动峰和表面吸附水的弯曲伸缩振动峰[146]。此外，SiO_2 有四个明显的特征吸收峰出现在 1 110 cm^{-1}、960 cm^{-1}、810 cm^{-1} 和 475 cm^{-1}，分别对应于 Si—O—Si 键的反对称伸缩振动、Si—OH 键的弯曲振动、

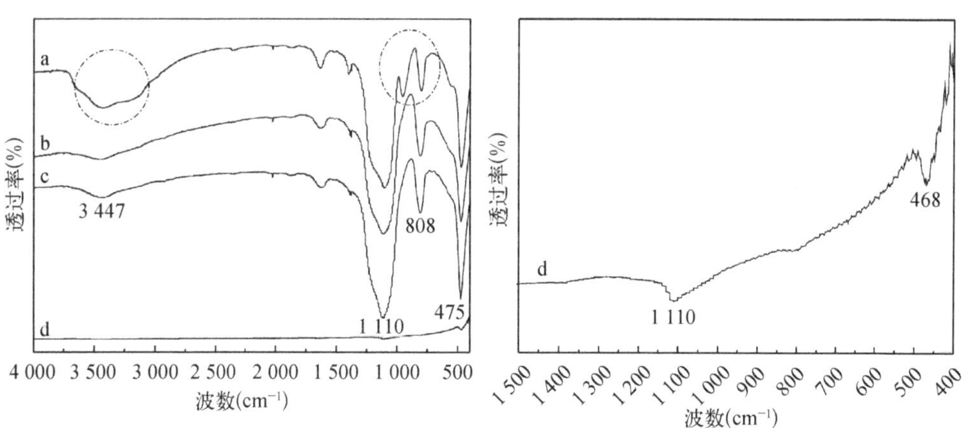

图 4-4　样品的 IR 光谱图

(a) 纯 SiO_2 球；(b) $SiO_2/TiO_{2(1)}$ 核壳复合粒子；(c) $SiO_2/TiO_{2(2)}$ 核壳复合粒子；(d) $SiO_2/TiO_2/Ag_{(sh)}$ 多层核壳复合粒子

Si—O—Si 键的对称伸缩振动和弯曲振动[147]。相对地，当 SiO_2 表面沉积 TiO_2 层后，SiO_2 在 960 cm^{-1} 的特征峰消失，在 808 cm^{-1} 出现了新的特征峰（图 4－4b 和图 4－4c）。同时，在 3 447 cm^{-1} 处的特征峰强明显减弱，主要是由于样品经过热处理后—OH 之间发生脱水导致的。在 1 000 cm^{-1} 以下的峰发生宽化，这可归因于 Ti—O—Ti 键的特征吸收[148]。另外，从图 4－4d 可以看出，当 Ag 壳包覆在 SiO_2/TiO_2 复合粒子表面后，几乎所有的特征峰均被掩盖，只在 1 110 cm^{-1} 和 468 cm^{-1} 处还有两个较弱的吸收峰，表明金属 Ag 壳在红外波段不存在吸收。

样品的 UV－vis 光谱如图 4－5 所示。从图 4－5a 中可以看出，纯 SiO_2 没有明显的吸收峰。沉积 TiO_2 后，由于 SiO_2/TiO_2 的散射效应增强，在 280 nm 附近出现了一个明显的吸收峰（图 4－5b）。在 SiO_2/TiO_2 基底上进一步沉积 Ag 纳米粒子后，由于金属 Ag 的 Mie 等离子体共振激发效应，在 408 nm 左右出现了一个明显的吸收峰（图 4－5c）。随着 Ag 纳米粒子尺寸和数量的增加（可从图 4－3 中得到证实），如图 4－5d 和图 4－5e，该吸收峰逐渐宽化。同时，由于 Ag 和 SiO_2/TiO_2 基底的比例随着 Ag 壳的沉积不断变化，对复合粒子的光学性质也产生一定的影响，表现为 Ag 的等离子共振吸收峰发生微弱的红移。

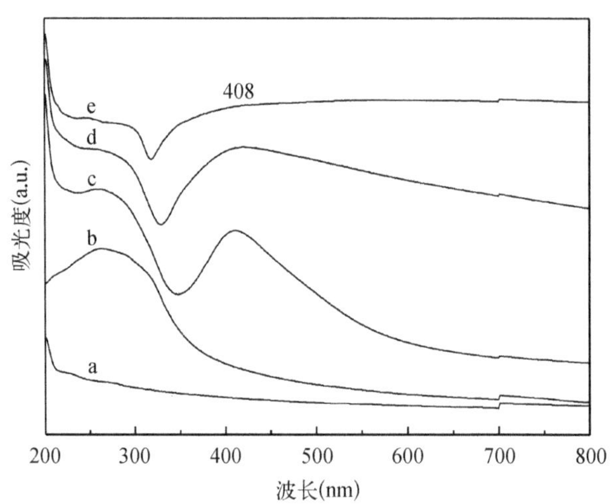

图 4－5 样品的 UV－vis 吸收光谱图

(a) 纯 SiO_2 球；(b) SiO_2/$TiO_{2(2)}$ 核壳复合粒子；(c) SiO_2/TiO_2/$Ag_{(sd1)}$ 核壳复合粒子；(d) SiO_2/TiO_2/$Ag_{(sd2)}$ 核壳复合粒子；(e) SiO_2/TiO_2/$Ag_{(sh)}$ 多层核壳复合粒子

为了进一步了解各样品的结晶性，图 4－6 给出了各样品的 XRD 分析曲线。可以看出，在 $2\theta=23°$ 出现的宽衍射峰对应于无定形二氧化硅的特征峰（图 4－6a）。

随着二氧化钛层的沉积并高温处理(650℃)，在 $2\theta=25.3°$、37.8°、48°、54.5°和63°均出现了明显的衍射峰，分别对应于锐钛矿型二氧化钛的(101)、(004)、(200)、(211)和(204)晶面[149](图4-6b)。此外，当 SiO_2/TiO_2 核壳复合粒子的表面进一步沉积银种子和银壳后(图4-6c和图4-6d)，可以观察到Ag的特征衍射峰，峰值位于38°、44.5°、64°和77°，分别对应于面心立方(*fcc*)型银的(111)、(200)、(220)和(311)晶面。上述各沉积层的结晶性均与4.2.1的HRTEM分析结果一致。同时，当银壳包覆后，之前出现的锐钛矿二氧化钛和无定形二氧化硅对应的特征衍射峰均有较大程度的削弱，表明金属银的沉积在较大范围内影响着其他组分。

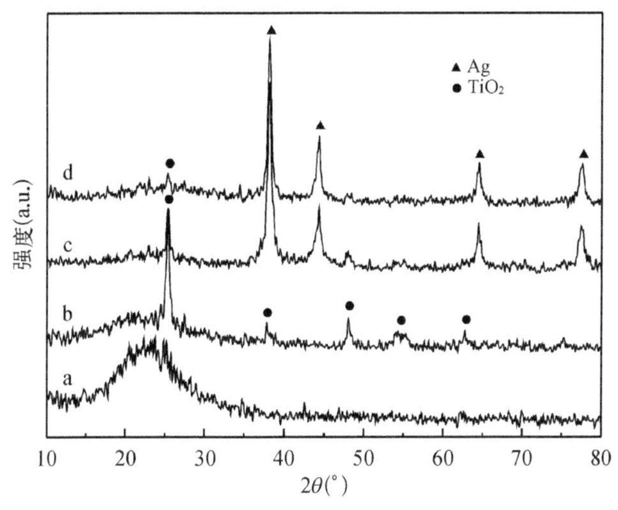

图4-6　样品的XRD图

(a) 纯 SiO_2 球；(b) $SiO_2/TiO_{2(2)}$ 核壳复合粒子；(c) $SiO_2/TiO_2/Ag_{(sd2)}$ 核壳复合粒子；(d) $SiO_2/TiO_2/Ag_{(sh)}$ 多层核壳复合粒子

图4-7为 $SiO_2/TiO_{2(2)}$ 和 $SiO_2/TiO_2/Ag_{(sh)}$ 核壳复合粒子的拉曼光谱图。从图4-7a可以看出，在143 cm^{-1}、195 cm^{-1}、395 cm^{-1}、515 cm^{-1} 和639 cm^{-1} 处的特征峰对应于锐钛矿 TiO_2 的 E_g、E_g、B_{1g}、A_{1g} 和 E_g 晶格振动[150]，证实了在 SiO_2 微球表面形成锐钛矿型 TiO_2 层，这一结果与XRD分析吻合。随着Ag壳的形成和覆盖，Ag壳与 SiO_2/TiO_2 基底间的相互作用使上述 TiO_2 特征峰发生明显宽化(图4-7b)。另外，143 cm^{-1} 处的谱峰明显蓝移到152 cm^{-1}。有文献报道，蓝移的主因是体系中存在杂质与结构缺陷[151]。而在之前的测试中并未发现杂质存在。由此可判定，该结构缺陷是Ag壳复合后引入的。

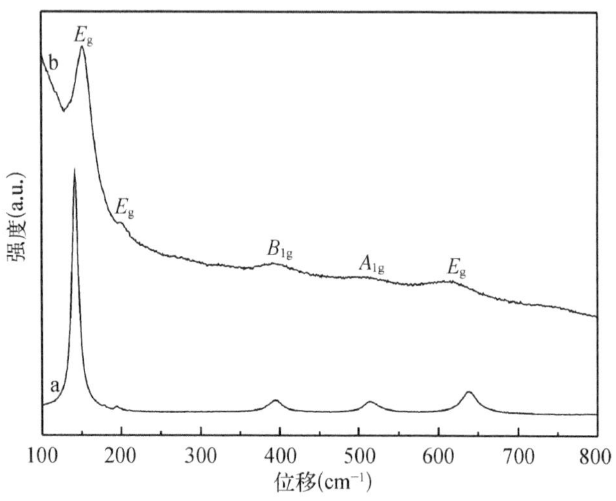

图 4-7 样品的拉曼光谱图

(a) $SiO_2/TiO_{2(2)}$核壳复合粒子;(b) $SiO_2/TiO_2/Ag_{(sh)}$核壳复合粒子

4.2.3 红外发射率分析

对纯 SiO_2、$SiO_2/TiO_{2(2)}$、$SiO_2/TiO_2/Ag_{(sd2)}$和 $SiO_2/TiO_2/Ag_{(sh)}$核壳复合粒子进行 8～14 μm 波段红外发射率分析,数据如表 4-1 所示。可以看出,纯 SiO_2的红外发射率值较高,为 0.785。当 SiO_2表面修饰上 TiO_2后,其红外发射率值有所降低,为 0.682。这可能是由于 SiO_2和 TiO_2之间的界面作用导致了复合粒子红外发射率的降低。TEM 结果显示了 SiO_2/TiO_2复合物具有核壳结构。在核与壳之间存在着一个特殊的界面层,处于这个界面层上的分子、原子和悬挂键的运动方式与本体中的分子、原子的运动方式不相同。而红外发射率是物体的热物性之一,与物质的表面状态有关。因此,分子、原子运动方式的改变直接影响物体的表面状态,进而使红外发射率发生变化[152]。当 SiO_2/TiO_2表面沉积金属 Ag 种子进而形成包覆的 Ag 壳后,形成 $SiO_2/TiO_2/Ag$ 核壳复合粒子,其红外发射率值显著降低至 0.424,这归因于金属 Ag 壳的高反射性。反射率对材料的红外辐射率具有决定性的影响。结果表明,由于其高反射性能,降低了金属 Ag 的相应吸收能力,从而降低了相应的红外发射率。另外,在 SiO_2/TiO_2的表面覆盖 Ag 壳后也减少了入射光的吸收。

表 4-1　样品的红外发射率值

样　品　名　称	红外发射率 ε_{TIR}(波段范围 8～14 μm)
SiO_2	0.785
$SiO_2/TiO_{2(2)}$	0.682
$SiO_2/TiO_2/Ag_{(sd2)}$	0.508
$SiO_2/TiO_2/Ag_{(sh)}$	0.424

4.3　小结

通过锐钛矿型 TiO_2 在 SiO_2 球表面的修饰和 Ag 壳的沉积，得到 $SiO_2/TiO_2/Ag$ 多层核壳复合粒子。通过改变 TBOT 前驱体的用量以调节 TiO_2 层的厚度。以粒径约为 20 nm 的 Ag 纳米粒子为种子层进一步生长面心立方结构的 Ag 壳。

与纯 SiO_2 球相比，$SiO_2/TiO_2/Ag$ 多层核壳复合粒子的红外发射率显著降低，至 0.424。TiO_2 层和 SiO_2 之间的界面作用以及金属 Ag 的高反射性能解释了该复合材料红外发射率降低的原因。该新型结构填料对改善红外辐射涂层的隐形性能有潜在的应用。

第5章

$SiO_2/ZrO_2/Ag$ 多层核壳复合材料的制备和表征

复合材料具有单一材料所不具备的性能，而且还可以根据对性能的需求自主设计出满足要求的性能，使其弥补单一材料在某些方面的不足，大大地增加复合材料的综合性能。核壳结构复合材料是一种新型的复合材料，是以某种材料为核，在其表面包裹另外一种或多种材料形成多层核壳结构的材料，并且可以根据需求控制壳层的厚度。

核壳结构复合材料的形状大多数呈球形也有少数呈哑铃形，核壳结构的形状由核体材料的形状决定。核层和壳层材料可以是金属、高分子及无机材料等，因此可以形成金属-高分子核壳结构、无机-金属核壳结构、无机-无机核壳结构、高分子-无机-金属核壳结构等多种核壳结构的复合材料。核壳材料不仅具有核层材料和壳层材料的特性还因为复合协同功能效应而产生新的特性，因此核壳结构的材料大多数具有优异的综合性能。

在本章中，首次采用 SiO_2/ZrO_2 复合氧化物作为基底，沉积银纳米粒子，并进一步生长银壳。SiO_2/ZrO_2 核壳复合氧化物粒子的壳厚通过沉积次数来控制，银壳的生长方法与上一章节相同。采用 TEM、UV、XRD 等方法对合成的复合材料进行表征，并初步探讨了复合粒子的红外辐射性能。

5.1　实验部分

5.1.1　材料

异丙醇锆(zirconium propoxide solution，70% in propanol)，Fluka 公司；正硅酸乙酯(TEOS)，上海化学试剂厂，减压蒸馏，新鲜使用；硝酸银($AgNO_3$)，上海化学试剂厂；聚乙烯基吡咯烷酮(PVP，K30)，上海化学试剂厂，聚合度 360。其他所用试剂均为市售分析纯，使用前未经进一步纯化。实验用水均为二次蒸馏水。

5.1.2　SiO_2粒子的制备

按照前述方法制备(第 3 章 3.1.2)。

5.1.3　SiO_2/ZrO_2核壳复合粒子的制备

将制得的质量分数为 0.1%的 SiO_2球分散于 100 mL 无水乙醇中。先后加入一定量的水和异丙醇锆。在回流下反应 1.5 h。反应物冷却至室温后，将产物离心，用水和乙醇交替洗涤。得到的产物记作 $SiO_2/ZrO_{2(1)}$。循环上述反应步骤，可以分别得到三次和五次包覆 ZrO_2 层的二氧化硅/二氧化锆核壳复合粒子 $SiO_2/ZrO_{2(3)}$ 和 $SiO_2/ZrO_{2(5)}$。对五次包覆的粒子进行热处理，温度分别取 400℃、600℃、800℃和 1 000℃。

5.1.4　$SiO_2/ZrO_2/Ag$ 多层核壳复合粒子的制备

选择 600℃焙烧后的 SiO_2/ZrO_2核壳复合粒子进行银壳的沉积，具体可分为两步：采用超声化学法对 SiO_2/ZrO_2粒子表面 Ag 种子化(seed)；用甲醛作还原剂进一步生长银壳。具体过程见第 3 章中 3.1.3。其中，超声反应的条件为功率：800 W；温度：28℃；反应时间：30 min。甲醛还原时使用的 Ag^+浓度为 1.5 mmol/L。将负载 Ag 种子的 SiO_2/ZrO_2 核壳复合粒子记作 $SiO_2/ZrO_2/Ag_{(sd)}$。$SiO_2/ZrO_2/Ag$ 多层核壳复合粒子的形成过程如图 5-1 所示。

5.1.5　表征

SiO_2/ZrO_2、$SiO_2/ZrO_2/Ag$ 核壳复合粒子经 KBr 压片，用 Nicolet Magna-IR

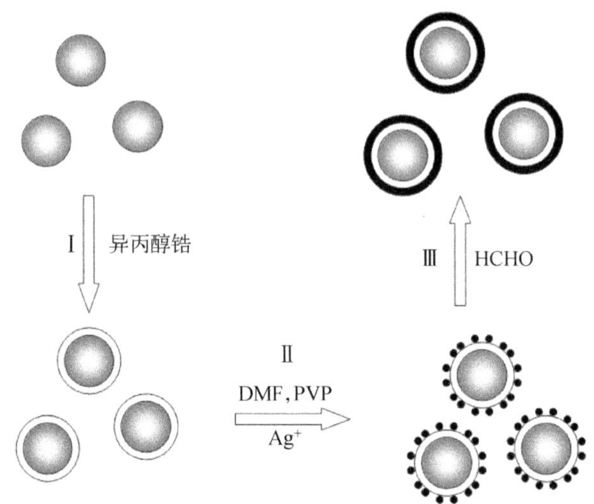

图 5-1 $SiO_2/ZrO_2/Ag$ 多层核壳复合粒子的形成过程示意图

750 光谱仪作红外光谱(IR)分析。用 SHIMADZU UV-2201 紫外-可见光谱仪进行紫外-可见光谱(UV-vis)分析,乙醇作分散液。用 XD-3A X 射线衍射仪进行 XRD 测试(测定条件: X 射线为 Cu 线,波长 λ 为 0.154 056 nm,40 kV/30 mA)。采用 Hitachi H-600 型透射电子显微镜(TEM)(工作电压 120 kV)观察粒子的形貌分析。采用 Sirion 200 能量色散谱仪进行 EDX 分析。红外发射率(8~14 μm)用 IRE-1 红外辐射仪(中国科学院上海技术物理研究所)进行测定。

5.2 结果与讨论

5.2.1 形貌分析

图 5-2 为单纯的 SiO_2,SiO_2/ZrO_2复合氧化物和 $SiO_2/ZrO_2/Ag$ 核壳多层复合粒子的 TEM 照片。可以看出,单纯的 SiO_2 球大小均一,且分散性良好[图 5-2(a)]。图 5-2(b)、图 5-2(c)和图 5-2(d)分别为经过一次,三次和五次 ZrO_2包覆后得到的样品形貌。明显地,经 ZrO_2一次包覆后,SiO_2表面变得比较粗糙,有许多岛状的锆盐水解后的产物沉积[图 5-2(b)、图 5-2(c)和图 5-2(d)]。尽管此时 SiO_2表面状况不是很理想,但占据在 SiO_2表面的 ZrO_2增加了粒子表面的粗糙度,有利于 ZrO_2的进一步沉积。随着沉积次数的增加,ZrO_2层变得更加连续、均

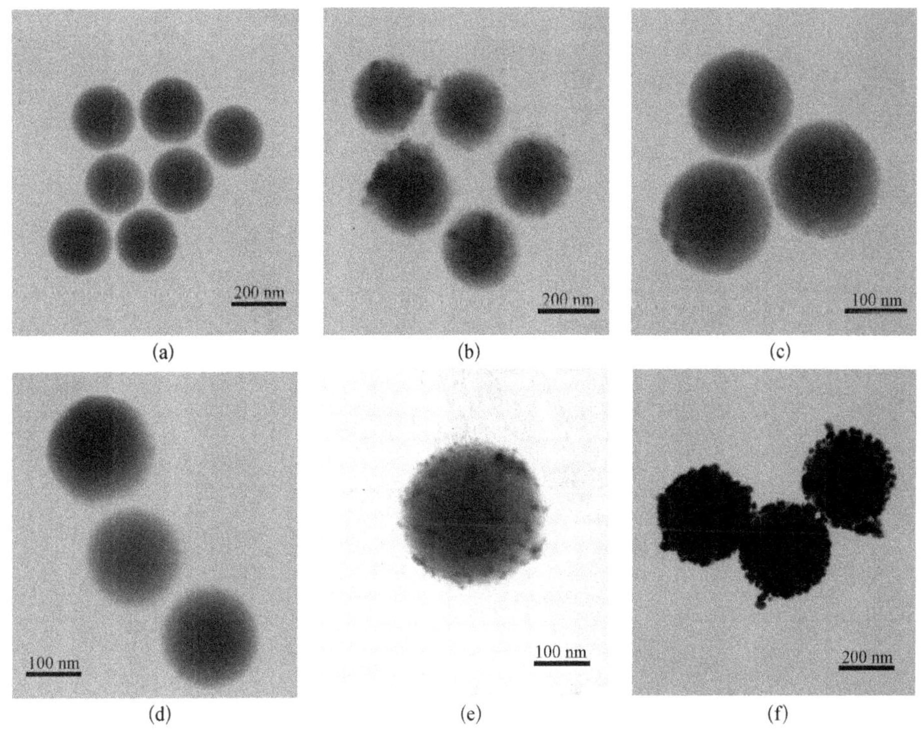

图 5-2　在 SiO_2 球上先后沉积 ZrO_2 层和 Ag 纳米粒子的 TEM 图

(a) 纯 SiO_2 球；(b) ZrO_2 层一次沉积的 $SiO_2/ZrO_{2(1)}$；(c) ZrO_2 层三次沉积的 $SiO_2/ZrO_{2(3)}$；(d) ZrO_2 层五次沉积的 $SiO_2/ZrO_{2(5)}$；(e) 在 SiO_2/ZrO_2 核壳复合粒子表面循环三次沉积银纳米粒子 $SiO_2/ZrO_2/Ag_{(sd3)}$；(f) 在 SiO_2/ZrO_2 核壳复合粒子表面循环三次包覆银壳 $SiO_2/ZrO_2/Ag_{(sh3)}$

匀。从图 5-2(d)中可以看到，与裸露的 SiO_2 核比较，包覆后的二氧化硅表面有明显的 ZrO_2 层，二氧化硅表面几乎完全被氧化锆包覆。而且从图中发现，被氧化锆包覆后的粒子仍保持良好的分散性。同时，没有在 TEM 的视野中观察到单独的氧化锆粒子，表明 ZrO_2 完全沉积在二氧化硅表面。不同包覆次数得到的 SiO_2 表面的 ZrO_2 含量也不同。随着反应的循环进行，SiO_2 表面 ZrO_2 的沉积量增加，这可以从 EDX 谱图中粗略看出，如图 5-3 所示。表 5-1 中列出了相应的 O、Si、Zr 各元素的含量，和预期结果一样，随着包裹次数的增加，SiO_2 表面的 Zr 含量逐渐增大，五次沉积后，质量分数达到最大值 35.88%。

接下来的情况跟 Ag 纳米粒子在 SiO_2 表面的沉积类似，从图 5-2(e)可以看出，许多 Ag 纳米粒子附着在 SiO_2 表面，为银壳的进一步生长提供了必要的银种子。Ag 壳的生长同样采用甲醛作还原剂，在碱性条件下还原 Ag^+，在负载银种子

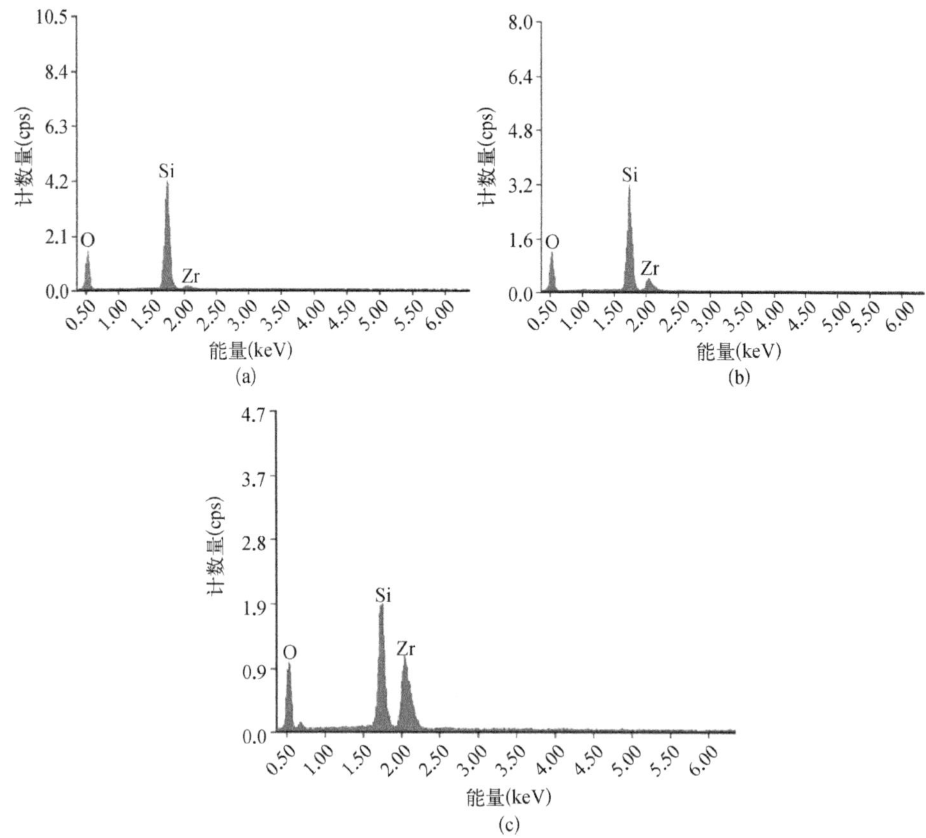

图 5-3 SiO_2/ZrO_2 核壳复合粒子的 EDX 谱图

(a) $SiO_2/ZrO_{2(1)}$；(b) $SiO_2/ZrO_{2(3)}$；(c) $SiO_2/ZrO_{2(5)}$

的 SiO_2 表面继续生长银壳。根据第 3 章中 Ag^+ 浓度对银壳生长影响的讨论，这里的浓度取为 1.5 mmol/L。图 5-2(f)为经过甲醛三次还原反应后得到的连续的银壳。明显地，在甲醛的作用下，三次反应后，SiO_2 外层得到完整包覆的银壳，形成 $SiO_2/ZrO_2/Ag$ 核壳复合粒子。而且，从 TEM 分析结果来看，溶液中也没有散落的 Ag 纳米粒子。

表 5-1 样品的元素组成(对应图 5-3)

元素名称	质量分数(%)		
	$SiO_2/ZrO_{2(1)}$	$SiO_2/ZrO_{2(3)}$	$SiO_2/ZrO_{2(5)}$
O	48.47	46.63	44.19
Si	46.95	37.70	19.93
Zr	4.58	15.67	35.88

5.2.2　光谱分析

为了证明多层复合粒子的基本组成，采用红外光谱对样品进行分析。图5-4显示了纯SiO_2，$SiO_2/ZrO_{2(5)}$，$SiO_2/ZrO_2/Ag_{(sd)}$和$SiO_2/ZrO_2/Ag_{(sh)}$多层复合结构的红外谱图。可以看到，各样品均在3 420 cm^{-1}处出现了—OH的反对称伸缩振动特征吸收峰和1 630 cm^{-1}处—OH的弯曲伸缩振动峰，以及1 000～1 300 cm^{-1}波段Si—O—Si键桥的强吸收峰。一般地，Si—O—Si键的吸收峰可分为两类，1 100 cm^{-1}处的特征峰是由Si—O—Si的不对称伸缩振动(AS)引起的。而800～1 000 cm^{-1}附近的两个较小的吸收峰为Si—O—Si的对称伸缩振动峰。比较谱图后发现(图5-4a和图5-4b)，当SiO_2表面修饰上ZrO_2后，原来SiO_2对应的800～1 000 cm^{-1}的两个弱吸收峰中有一个峰消失了。其他位置的特征吸收峰均没有大的变化，这与在SiO_2表面包覆Ag壳的结果不同。这可能是因为SiO_2表面经ZrO_2修饰后，两者之间的相互作用使一些本身吸收强度较弱的峰受到影响。而随着Ag纳米粒子和Ag壳进一步沉积在SiO_2/ZrO_2表面，复合氧化物的特征峰几乎没有变化，表明Ag纳米粒子和Ag壳均不影响其红外特征吸收峰(图5-4c和图5-4d)。这与用Fe修饰氧化锆的红外光谱结果一致[153]。

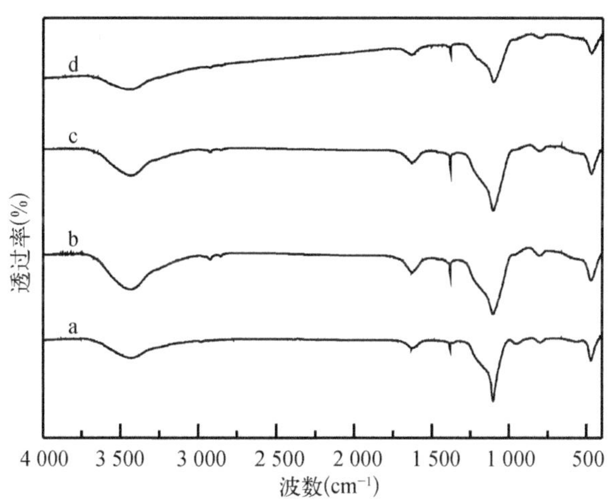

图5-4　样品的IR光谱图

(a) 纯SiO_2球；(b) $SiO_2/ZrO_{2(5)}$核壳复合粒子；(c) $SiO_2/ZrO_2/Ag_{(sd)}$核壳复合粒子；(d) $SiO_2/ZrO_2/Ag_{(sh)}$多层核壳复合粒子

为了进一步证实Ag壳在SiO_2/ZrO_2核壳复合粒子上的沉积，对样品进行UV-vis光谱分析。$SiO_2/ZrO_{2(5)}$、$SiO_2/ZrO_2/Ag_{(sd)}$和$SiO_2/ZrO_2/Ag_{(sh)}$各核壳

复合物的 UV - vis 光谱如图 5 - 5 所示。从图中可以看出，SiO_2/ZrO_2 双氧化物核壳复合物由于散射作用，在紫外可见光谱范围内没有吸收峰出现(图 5 - 5a)。沉积 Ag 纳米粒子后(图 5 - 5b)，没有明显的银的特征吸收峰出现。这是由于 ZrO_2 修饰的 SiO_2 球强的散射作用，使银的等离子共振吸收峰几乎被屏蔽。当完整的银壳形成后，图 5 - 5c 曲线中的 430 nm 附近出现一个明显的宽峰，这是由金属 Ag 纳米粒子的表面等离子共振吸收所引起的，结合上述 TEM 分析，表明 SiO_2/ZrO_2 表面 Ag 壳的形成。

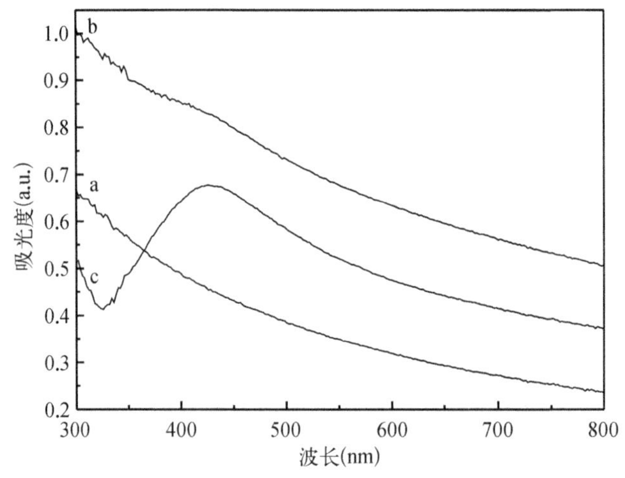

图 5 - 5　样品的 UV - vis 吸收光谱图

(a) $SiO_2/ZrO_{2(5)}$ 核壳复合粒子；(b) $SiO_2/ZrO_2/Ag_{(sd)}$ 核壳复合粒子；(c) $SiO_2/ZrO_2/Ag_{(sh)}$ 多层核壳复合粒子

将 $SiO_2/ZrO_{2(5)}$ 核壳复合物分别在 400℃、600℃、800℃和 1 000℃下煅烧，并选取 600℃热处理后的样品进一步包覆 Ag 壳，XRD 谱如图 5 - 6 所示。从图 5 - 6a 可以看出，该复合物经 400℃焙烧 3 h 后，分别出现了四方晶型 ZrO_2 在(011)、(002)、(110)、(112)、(020)、(013)、(121)晶面的特征衍射峰，且结晶性良好[154]。20°附近的宽峰为无定形二氧化硅的特征衍射峰。实验发现，随着热处理温度的进一步提高至 800℃，该复合物的晶型保持一致(图 5 - 6b 和图 5 - 6c)。此时，由于高温作用，SiO_2 表面的 ZrO_2 结晶度更高，粒子变大，对应于(011)晶面的特征峰强度增加。结果表明，该复合物在 400～800℃焙烧得到的晶型一致，均为四方晶型的 ZrO_2(t - ZrO_2)。当达到 1 000℃时，出现单斜晶(m - ZrO_2)的特征衍射峰，此时 ZrO_2 由四方晶向单斜晶转化[155]。如图 5 - 6d 所示，在 30°附近出现了三个衍射峰，对应于 ZrO_2 单斜晶的特征峰。从热力学的观点出发，由于 t - ZrO_2 的表面能小于

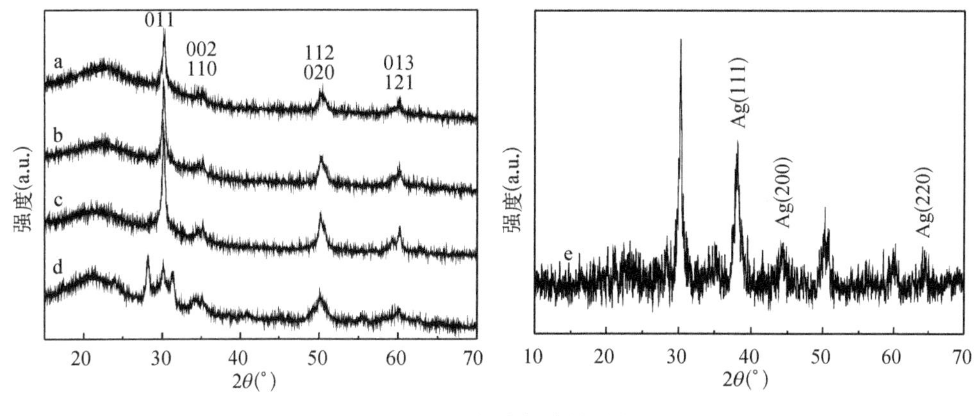

图5-6 SiO_2/ZrO_2核壳复合粒子的XRD图

(a) 400℃;(b) 600℃;(c) 800℃;(d) 1 000℃;(e) 热处理600℃后包覆Ag壳

m-ZrO_2,高温相(t-ZrO_2)更接近无定形,而所有材料开始都是从无定形出发的,因此可以认为在热处理过程中会首先形成t-ZrO_2,随着热处理温度的提高,一方面粒子长得越来越大,另一方面ZrO_2分子获得越来越大的动能,于是越来越多的ZrO_2粉体由t相转变为m相。因此,随着$SiO_2/ZrO_{2(5)}$核壳复合物被焙烧到1 000℃时,表面ZrO_2层的晶型由四方晶向热力学稳定的单斜晶转变。这一结果也进一步表明了SiO_2表面ZrO_2层的存在。而当双氧化物复合粒子表面继续生长银壳后,从图5-6e中可以看出,除了无定形SiO_2和四方晶型氧化锆的衍射峰外,在衍射角$2\theta=38°$、44.5°和64°处出现了新的衍射峰,分别对应银的(111)、(200)和(220)晶面,表明沉积在ZrO_2层表面的Ag为面心立方结构(JCPDS file, No.4-783)。

5.2.3 红外发射率分析

对SiO_2/ZrO_2和$SiO_2/ZrO_2/Ag$核壳复合粒子进行红外发射率分析,数据如表5-2所示。可以看出,当SiO_2表面修饰上ZrO_2后,与纯的SiO_2比较,其红外发射率值有所降低。这可能是由于SiO_2和ZrO_2之间的界面作用导致了复合粒子红外发射率的降低。TEM结果也显示了SiO_2/ZrO_2复合物具有核壳结构。同时,ZrO_2修饰SiO_2后,填充了SiO_2表面的缺陷,表面的光滑平整度得到了有效的提高,再加上ZrO_2的导热系数、热膨胀系数和摩擦系数低,具有一定的隔热作用,这些对降低SiO_2/ZrO_2核壳复合粒子的红外发射率都有贡献。此外,不同ZrO_2含量的SiO_2/ZrO_2核壳复合物的红外发射率值也不同。随着包裹次数的增加,即

ZrO_2含量的提高，得到的 SiO_2/ZrO_2核壳复合物的红外发射率值先降低后升高。这可能是由于 ZrO_2在基底表面的不断沉积，形成的核壳结构复合物的界面层也相应增加，这与 TEM 的分析一致，因而使红外发射率值减小。当界面层达到最大时，过量的 ZrO_2导致了红外发射率的回升。热处理后的 SiO_2/ZrO_2核壳复合物表面的 ZrO_2形成两种不同晶型，四方晶和单斜晶。材料的红外发射性能与晶型相关，从测试数据可以看出，ZrO_2为单斜晶的 SiO_2/ZrO_2核壳复合物的红外发射率值更小。原因可能是 t - ZrO_2的表面能小于 m - ZrO_2，更接近无定形。当 SiO_2/ZrO_2表面包覆上金属 Ag 壳后，形成 $SiO_2/ZrO_2/Ag$ 核壳复合粒子，其红外发射率值显著降低至 0.251，这仍归因于金属 Ag 壳的高反射性能。因此，得到的 $SiO_2/ZrO_2/Ag$ 核壳复合粒子是一种隔热性能好，红外发射率低的红外低发射率材料。

表 5 - 2　样品的红外发射率值

样　品　名　称	红外发射率 ε_{TIR}（波段范围 8～14 μm）
SiO_2	0.785
SiO_2/ZrO_2(无定形)	0.529
SiO_2/ZrO_2(四方晶型)	0.487
SiO_2/ZrO_2(单斜晶型)	0.432
$SiO_2/ZrO_2/Ag$*	0.251

* 以 SiO_2/ZrO_2(四方晶型)为基底

5.3　小结

采用水解沉积法，在 SiO_2微球表面包覆 ZrO_2层，得到 SiO_2/ZrO_2核壳型复合氧化物。随着沉积次数的增加，ZrO_2 在 SiO_2 表面的含量增加，包覆趋于完整。ZrO_2层经高温热处理可分别形成单斜和四方两种晶型。最外的 Ag 壳为面心立方结构。ZrO_2层沉积在 SiO_2表面后，得到的 SiO_2/ZrO_2核壳复合粒子的红外发射率较基底 SiO_2的有所降低。不同的 ZrO_2包覆量得到的 SiO_2/ZrO_2核壳复合物具有不同的红外发射率，在一定的包覆量下达到最低。另外，ZrO_2的晶型也影响着复合材料的红外发射性能。ZrO_2为单斜晶的 SiO_2/ZrO_2核壳复合物的红外发射率值比 ZrO_2为四方晶时的更小。

以 SiO_2/ZrO_2 核壳复合物为基底，采用 Ag 种子生长法进一步在其表面沉积 Ag 壳，得到 $SiO_2/ZrO_2/Ag$ 多层核壳复合粒子。这种新型多层核壳复合物的红外发射率显著降低，至 0.251。ZrO_2 层和 SiO_2 之间的界面作用以及金属 Ag 的高反射性能解释了该复合材料红外发射率降低的原因。

第6章

不同形貌氧化锌的制备和表征

由于粉体结构(微结构)、尺寸和形貌等因素对所制备的材料特性及其应用具有重要的影响,粉体粒子的形貌控制研究已引起了人们的极大关注。自从1991年碳纳米管(CNTs)被Iijima发现以来,具有不同形貌(如线状、棒状、带状、片状和管状等)的低维纳米微晶因其特殊的物理化学特性而具有许多潜在的应用价值,迅速成为化学、物理及材料学等领域的一大研究热点[156-158]。

ZnO俗称锌白,为Ⅱ～Ⅵ族化合物,是一种宽禁带直接带隙半导体材料,具有六方纤锌矿晶体结构,室温下禁带宽度约为3.37 eV,具有从蓝光到紫外波段的发光性能,其室温下的激子结合能高达60 meV。在适当的掺杂下,ZnO表现出很好的低阻特征而成为一种重要的电极材料。ZnO的发光性质及电子辐射稳定性使其用于制作短波长光电器件。随着MOCVD等先进技术的出现,制备了许多特殊形态的ZnO低维材料,如纳米带、纳米线和纳米棒等。采用物理气相沉积法[34]在c轴取向的ZnO薄膜上合成了规则排列的ZnO纳米线列阵,并可应用于一系列优异的光电器件中。采用氧化ZnS粉末的方法也制备了单晶管状ZnO晶须[159]。此外,ZnO许多特殊的结构,如线、棒、带、管、梳等也陆续被报道。Yan课题组[160]采用原料纯锌粉,温度850℃的热蒸发输运沉积,制备了梳状ZnO纳米材料。这种自组装生长的、形状规整的纳米线阵列将会在纳米激光器阵列、激光干涉/耦合、非线性集群效应、纳米机电系统等方面得到深度的应用。

目前,关于低维ZnO的制备报道较多,常用的方法有气相法、直接沉淀法、水热法、超声化学法等。通过贵金属催化和高温气化两种气相转移方法能够合成一维ZnO纳米结构。首先通过在高温下,反应物气体溶解到纳米尺寸的催化剂液滴中,接着成核、生长成纳米棒然后成线,最后被气体输运到较低温度衬底上。生长的温度一般在 900～1 100℃。常用的催化剂有 Au、Fe_2O_3、Se、Ni 等。虽然此方法能够得到可控直径的 ZnO，但反应需要在 1 000℃左右的高温下进行，难以大规模生产。溶液化学提供了制备大量 ZnO 纳米棒的方法。水热法又称为高温溶液法，这是一种常用的方法。与其他方法相比较，水热法有许多特点：① 得到的晶体是在相对较低的热应力条件下生长，因此其位错密度远低于在高温熔体中生长的晶体；② 使用相对较低的温度，可得到其他方法难以获取的物质的低温同质异构体；③ 存在溶液的快速对流和十分有效的溶质扩散，晶体生长具有较快的生长速率。总的来说，水热法可以在较低温度下合成得到纯度高、缺陷少、结晶性好的晶体。

因此，在本章的研究中，采用水热法制备了不同形貌的 ZnO 低维材料。考察了影响 ZnO 形貌的各个因素（温度、时间、溶液的 pH 值等）。采用 TEM、SEM、XRD 等方法对合成的材料进行表征，并初步探讨了 ZnO 的形貌对其红外发射率性能的影响。

6.1 实验部分

6.1.1 材料

六水合硝酸锌[$Zn(NO_3)_2 \cdot 6H_2O$]，上海化学试剂厂，99%；聚乙二醇 400/4000(PEG－400/PEG－4000)，上海化学试剂厂；十六烷基三甲基溴化铵[CTAB，$CH_3(CH_2)_{15}N^+(CH_3)_3Br^-$]，上海化学试剂厂，99%；六次甲基四胺[HMT，$(CH_2)_6N_4$]，上海化学试剂厂，99%。其他所用试剂均为市售分析纯，使用前未经进一步纯化。实验用水均为二次蒸馏水。

6.1.2 ZnO 的制备

采用带聚四氟乙烯内衬的不锈钢水热反应釜进行反应。实验分为两个系列，分别为 Zn 盐和六次甲基四胺（Ⅰ），Zn 盐和氢氧化钠（Ⅱ）。

在系列（Ⅰ）中，将等物质的量（0.01 mol/L）的硝酸锌和六次甲基四胺水溶液混合，置于超声振荡器中均匀混合。随后将混合液倒入聚四氟乙烯内衬中，密封后放入恒温箱中加热，于 95℃下反应 1.5 h。反应结束后，待反应釜自然冷却到室温，将反应液离心，水洗，室温下干燥，待测。改变 Zn 盐的浓度（0.005 mol/L）、反应时间（3 h）和温度（90℃），在其他条件不变的情况下实验。

在系列(Ⅱ)中,将 NaOH 和硝酸锌按一定的比例溶解在 40 mL 蒸馏水中,搅拌至完全溶解。随后加入一定量的表面活性剂(PEG - 400、PEG - 4000、CTAB)。分别将上述溶液移至四氟乙烯内衬的不锈钢水热釜中,在 140℃(或 180℃)下保温 20 h。反应结束后,将得到的白色悬浊液离心分离,分别用丙酮和去离子水洗涤三次,室温下干燥,待测。

6.1.3 表征

粒子的形貌分别采用 Hitachi H - 600 型透射电子显微镜(TEM)(工作电压 120 kV)和 LEO - 1530VP 型扫描电子显微镜(SEM)进行测定。用 XD - 3A 型 X 射线衍射仪进行 XRD 测试(测定条件: X 射线为 Cu 线,波长 λ 为 0.154 056 nm, 40 kV/30 mA)。红外发射率(8～14 μm)用 IRE - 1 红外辐射仪(中国科学院上海技术物理研究所)进行测定。

6.2 结果与讨论

6.2.1 形貌分析

1. Zn^{2+} 浓度、反应时间和温度对 ZnO 形貌的影响(系列Ⅰ)

首先采用六次甲基四胺(HMT)和硝酸锌在水热条件下合成氧化锌。HMT,作为一种无毒水溶性的非离子环状叔胺,在水热保温条件下发生分解,转化为甲醛和氨,反应液呈弱碱性。同时,生成的氨与溶液中的 Zn^{2+} 络合,形成锌氨络合离子 $[Zn(NH_3)_4]^{2+}$。随着反应的进行,该络合离子逐渐转化,形成氧化锌。具体的反应方程式如式(6.1)～式(6.3)所示:

$$(CH_2)_6N_4 + 6H_2O \longrightarrow 4NH_3 + 6HCHO \tag{6.1}$$

$$Zn^{2+} + 4NH_3 \longrightarrow [Zn(NH_3)_4]^{2+} \tag{6.2}$$

$$[Zn(NH_3)_4]^{2+} + 3H_2O \longrightarrow ZnO + 2OH^- + 4NH_4^+ \tag{6.3}$$

在氧化锌的制备过程中,主要通过改变 Zn^{2+} 浓度,水热反应的温度和时间来考察影响氧化锌形貌的因素。表 6 - 1 列出了 a、b、c 和 d 四组反应条件,得到的 ZnO 样品对应于图 6 - 1(a)～图 6 - 1(d)。从图 6 - 1(a)中可以看出,得到的 ZnO 棒分散性较好,所有的纳米棒都没分叉,粗细均匀,棒两端呈平面形。棒长约2 μm,

直径约为 300 nm，即长径比为 6～7。图 6-1(a)中右上角为 ZnO 棒的选区电子衍射图，表明该 ZnO 棒为单晶结构，且沿着(0001)方向生长。实验发现，随着反应温度的降低，棒直径变大，氧化锌由单棒变成多枝束状[图 6-1(b)]，棒两端仍呈平面，但棒的直径不均一。同时，ZnO 棒的直径随着反应时间的增加而增大，随着 Zn^{2+} 初始浓度的降低，棒直径减小，如图 6-1(c)和图 6-1(d)所示。此时，棒两端不再呈平面状，棒端结构发生变化，出现了一个针尖状的末端结构。

表 6-1 样品的不同实验参数

编　号	温度(℃)	时间(h)	Zn^{2+} 浓度(mol/L)
a	95	1.5	0.01
b	90	1.5	0.01
c	95	1.5	0.005
d	95	3	0.01

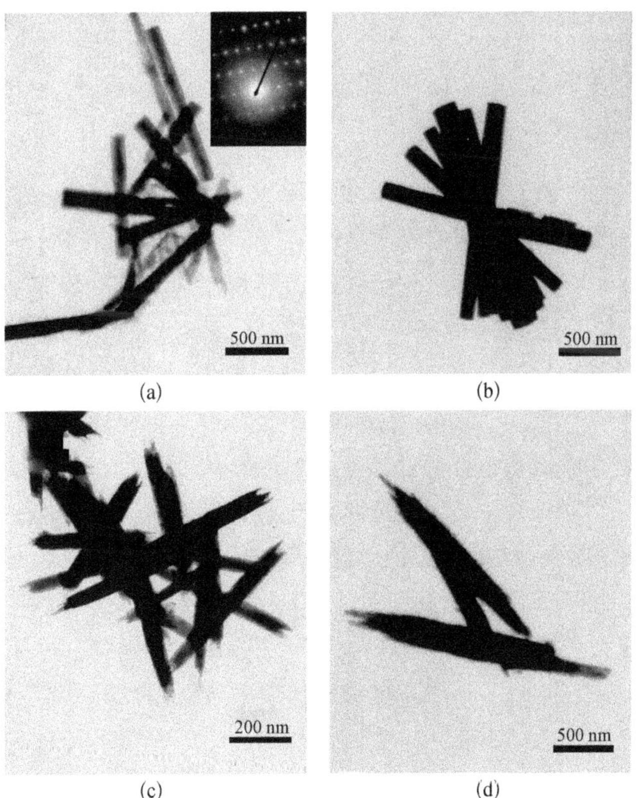

(a) (b) (c) (d)

图 6-1 不同条件下 ZnO 纳米棒的 TEM 图

图 6－2 为棒状和束状氧化锌的 SEM 形貌，与图 6－1(a)和图 6－1(b)对应。不同的反应温度下，得到的 ZnO 的形貌也不相同。从图 6－2(a)中可以看出，单根棒状的 ZnO 分散性好，表面光滑，端面都为六角形。随着反应温度的降低，ZnO 形成多枝束状结构[图 6－2(b)]。束状分叉的 ZnO 存在两种形态，一端分叉和两端分枝。明显地，多枝束状结构氧化锌是由单根 ZnO 棒分枝得到的，且分裂前后的 ZnO 棒端面都呈六角形。尽管与这种多枝结构相近的 ZnO 棒已有不少报道，但鲜有由一根 ZnO 棒分裂生长得到多枝结构的文献报道。

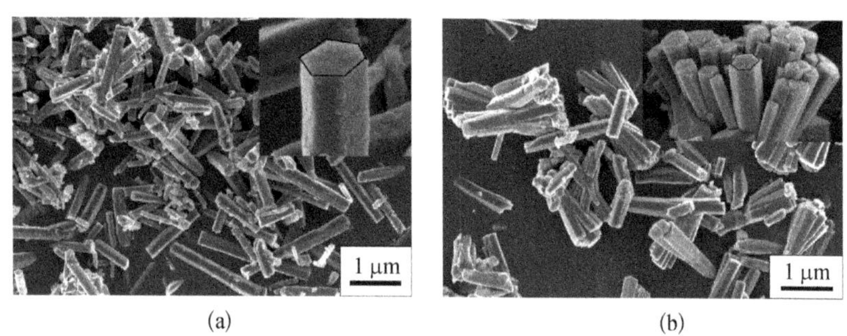

(a) (b)

图 6－2 不同的反应温度下棒状和束状氧化锌的 SEM 图([Zn^{2+}]＝0.01 mol/L)

(a) 95℃，1.5 h；(b) 90℃，1.5 h

2. 表面活性剂、Zn^{2+}浓度和反应温度对 ZnO 形貌的影响(系列Ⅱ)

表 6－2 列出了采用不同的表面活性剂，在不同温度和溶液 pH 值下得到的实验结果，反应时间均为 20 h。氧化锌粒子的形貌由 TEM 和 SEM 观测得到，如图 6－3所示，其中图 6－3(a)～图 6－3(f)分别对应表 6－2 中的样品 a～f。由图 6－3(a)可以看出，在 140℃下，[OH^-]/[Zn^{2+}]为 2∶1，采用添加剂 PEG－400，反应 20 h 后可以得到粒径约 15 nm 左右的球形 ZnO。在相同的条件下，改用长链 PEG－4000，得到的 ZnO 粒子中出现少量棒状结构[图 6－3(b)]，这可能是由于长链 PEG 的模板作用，表明 ZnO 的形貌与表面活性剂的种类有关。为了研究 NaOH 浓度即溶液的 pH 值对产物形貌的影响，增大[OH^-]/[Zn^{2+}]至 10∶1，仍采用长链 PEG 为表面活性剂，其他条件不变。从图 6－3(c)可以看到，ZnO 棒明显增多，且直径变大。另外，保持[OH^-]/[Zn^{2+}]为 10∶1 不变，进一步提高反应温度至 180℃时，在长链 PEG－4000 的模板作用下，得到的 ZnO 都为纳米级的棒，且直径变小，约为 100 nm，分布均匀[图 6－3(d)]。结果表明，反应体系的 pH 值越大，温度越高，有利于形成一维结构氧化锌，即 pH 值越高，ZnO 在 c 轴方向的极性生长能力越强，从而导致其形态易趋向于棒状。

表 6-2 不同实验条件下得到的 ZnO 样品

编 号	添加剂	温度(℃)	$[OH^-]/[Zn^{2+}]$	形 貌
a	PEG-400	140	2∶1	球
b	PEG-4000	140	2∶1	球、棒(少)
c	PEG-4000	140	10∶1	球、棒(多)
d	PEG-4000	180	10∶1	棒
e	CTAB	140	10∶1	雪花状
f	CTAB	180	10∶1	花状

用 CTAB 替代 PEG,在反应条件不变的情况下,ZnO 从棒状向花状转变。如图 6-3(e)和图 6-3(f)所示,在温度较低时(140℃),样品为雪花状,由许多直径约为 100 nm 左右的小棒组成。随着温度的升高,花瓣增多且其直径变小,得到直径约为 5 μm 的花状 ZnO。

(a) (b) (c)

(d) (e) (f)

图 6-3 ZnO 的 TEM 和 SEM 图

图 6-4 为用 PEG-4000,180℃下反应得到的单根棒状 ZnO 的 TEM 和相应的电子衍射图。可以看出,ZnO 棒呈极性生长趋势,末端为针尖状。由插图 SAED

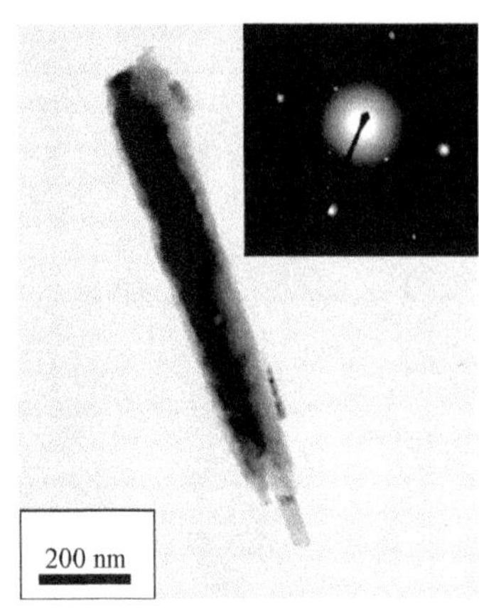

图 6-4 单根 ZnO 的 TEM 和 SAED 图

图看出，棒为单晶，其生长取向为 c 轴(0001)晶向。

图 6-5 为采用不同的表面活性剂在不同合成条件下得到的 ZnO 的 X 射线衍射谱图。如图所示，每个样品均出现了六方纤锌矿 ZnO 的特征衍射峰，分别对应 ZnO 的(100)、(002)、(101)、(102)、(110)、(103)、(200)、(112)、(201)和(202)晶面(JCPDS：36-1451，六方晶相，空间群 $P6_3mc$，晶胞参数为 $a=0.324\,9$ nm，$c=0.520\,6$ nm)，无其他杂质相存在，表明晶型单一。图中各衍射峰清晰且尖锐，证明得到的 ZnO 的结晶性良好。系列Ⅰ中制备的 ZnO 经 XRD 测试后，结果显示得到的样品均为六方纤锌矿结构，也无其他杂质相存在。

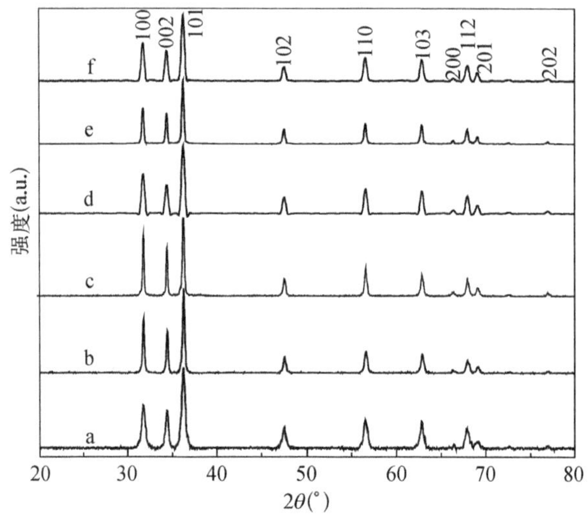

图 6-5 ZnO 的 XRD 谱图(a～f 分别对应表 6-2 中的样品编号)

6.2.2 机理分析

众所周知，用液相法制备纳米材料，其纳米微粒的形貌和尺寸受结晶习性的影响和控制，而这种结晶习性又受到环境相和生长条件的制约。一般来说，功能有机分子对无机氧化物纳米粒子形貌的调控是通过与无机离子配位或吸附在晶核的表面使粒子晶面能和各晶面生长速率发生变化而使粒子形貌改变[161]。通常含有 N、

S、O 等官能团的有机分子对无机氧化物都有一定的亲和力，从而具有改性作用。上述结果显示，不同的有机添加剂 PEG-400、PEG-4000 和 CTAB 是得到不同形貌(球、棒、花)ZnO 的关键。因此，这里初步讨论不同的有机添加剂对氧化锌形貌影响的机理。

从下列反应方程式(6.4～6.7)可以看出，Zn^{2+} 离子首先与 OH^- 结合形成 $Zn(OH)_2$[式(6.4)]。$Zn(OH)_2$部分地转化形成 ZnO 晶核，同时在碱的作用下，逐渐形成$[Zn(OH)_4]^{2-}$[式(6.5)和式(6.6)]。在$[Zn(OH)_4]^{2-}$转变成 ZnO 的过程中，表面活性剂对形成 ZnO 的形貌有影响。ZnO 晶核形成后，表面活性剂通过氢键或其他物理作用吸附在晶核表面。在 ZnO 的生长过程中，表面活性剂在 ZnO 的纳米晶的晶面上形成有序的疏水膜。当生长基元$[Zn(OH)_4]^{2-}$通过迁移沉积到晶核上生长时，ZnO 晶核由于疏水膜的存在导致其生长具有各向异性。

$$Zn^{2+} + 2OH^- \rightleftharpoons Zn(OH)_2 \tag{6.4}$$

$$Zn(OH)_2 \longrightarrow ZnO + H_2O \tag{6.5}$$

$$Zn(OH)_2 + 2OH^- \rightleftharpoons [Zn(OH)_4]^{2-} \tag{6.6}$$

$$[Zn(OH)_4]^{2-} \rightleftharpoons ZnO + 2OH^- + H_2O \tag{6.7}$$

聚乙二醇是一种非离子型表面活性剂，长链上的 O 原子是亲水基团，—CH_2—CH_2是疏水基团，在高分子链上包含了亲水点和疏水点。溶剂水不断输送 Zn 与聚乙二醇链上的 O 发生作用，使前驱体沿着长链方向有序沉着[162]。而 PEG 在水中容易自然缠绕，溶液中存在 NO_3^- 时，对 PEG 有梳理作用，可能原因是 NO_3^- 中的 N 有孤对电子，与聚乙二醇链上的 O 有配位作用，NO_3^- 与溶剂水还有水合作用，所以两种作用有一平衡点，致使长链聚乙二醇不会缠结。长链 PEG-4000 吸附在 ZnO 晶核表面后，使表面的成核活化能降低，长链 PEG 主链有较高的成核活性，因此$[Zn(OH)_4]^{2-}$就沿着单个长链沉积成核生长，形成棒状氧化锌。当使用较短链长的 PEG-400 时，ZnO 晶核多个方向的生长受到抑制，且活性大大降低，导致球形氧化锌的形成。而 CTAB 作为一种阳离子表面活性剂，与$[Zn(OH)_4]^{2-}$之间存在较强的库仑力，容易形成复合物 CTAB-$[Zn(OH)_4]^{2-}$并吸附在 ZnO 晶核的表面。该复合物吸附后有利于降低 ZnO 的表面能，在其表面形成多个活性点，因此形成花状的 ZnO[163]。从上面的结果还发现，不论是棒状还是由许多棒组成的花状的 ZnO，棒的一端都为尖端。由于$[Zn(OH)_4]^{2-}$负离子配位四面体容易在 ZnO 晶体的 c 轴正极面(0001)叠合，而在负极面(000$\bar{1}$)叠合较困难，因此晶体呈极性生长，并且由于表面活性剂的约束作用增强，加快了晶体在 c 轴正向的生长，直到(0001)面最后消失[164]。图 6-6 给出了各种形貌 ZnO 形成的示意图。

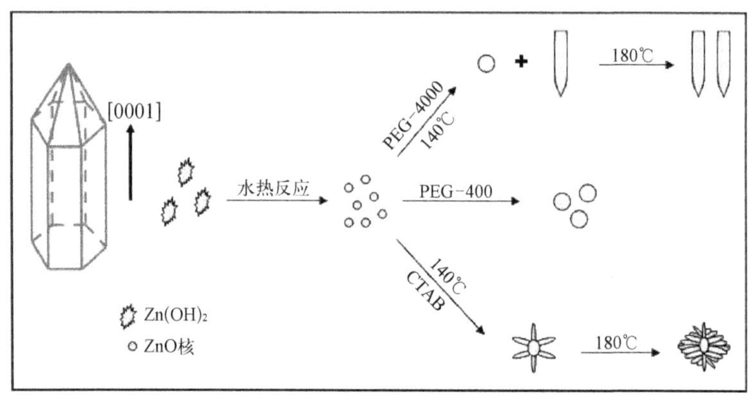

图 6-6　不同反应条件下不同形貌 ZnO 的形成机理图

6.2.3　红外发射率分析

将制备的不同形貌的 ZnO 粒子进行红外发射率分析，结果见表 6-3。可以看出，纳米 ZnO 的红外发射率值比微米的大，这是由于纳米 ZnO 微晶中存在的晶格畸变所致。从红外理论可知，不同离子间的相对振动将产生一定的电偶极矩，因而离子晶体的长光学波可以和红外辐射场相互作用，并交换能量，从而产生红外吸收和辐射。由于晶体的晶格具有平移对称性，在简谐近似的情况下，晶体中原子的本征振动模是一系列独立的格波，声子是格波的能量量子。晶体中声子同时具有准动量，当晶格振动与红外辐射相互作用时，需要满足动量守恒条件，因而只有少数几种振动模对红外辐射的共振吸收有贡献。纳米 ZnO 中由于存在晶格畸变，晶体周期性遭到一定程度的破坏，当晶格振动与红外辐射相互作用时，对于某些非共振振动模，无须满足准动量守恒选择，可能对红外吸收有贡献。而且，粒子的尺寸过小，单个粒子的散射能力也相应地下降，使红外发射率偏高。

表 6-3　样品的红外发射率值

ZnO 的形貌	红外发射率 ε_{TIR}(波段范围 8～14 μm)
球形	0.975
棒状	0.964
束状	0.825
花状	0.673

此外,从结构上来说,棒状或束状 ZnO 的红外发射率值要略低于球形 ZnO,这可能是因为前者特殊的结构更有利于减少对入射光的吸收,从而达到降低红外发射率的目的。从红外数据分析,花状 ZnO 的发射率值与棒状和束状结构 ZnO 的相比,有较大幅度下降。SEM 分析显示,花状结构是由许多棒状的花瓣组成[图 6-3(f)]。这种特殊的结构与单根 ZnO 比较,在体积分数相同的情况下,能有效地减少与入射辐射的接触面积,对辐射的吸收能力也大大减弱,因此导致了材料的红外发射率值的降低。

6.3　小结

在水热条件下,合成了具有六方纤锌矿结构的球状、棒状、束状、雪花状和花状的晶体 ZnO。不同的添加剂、温度、pH 值和反应物浓度对氧化锌的成核和生长有较大的影响。使用短链聚乙二醇(PEG),得到的 ZnO 为球形,采用长链 PEG,同时增加溶液的 pH,提高反应温度,易得到棒状 ZnO 粒子,而用十六烷基三甲基溴化铵(CTAB)则容易得到棒状和花状的 ZnO。

不同结构的表面活性剂与 ZnO 晶核之间不同的相互作用,使晶核表面的活性点分布各不相同,因此得到的 ZnO 形貌也不同。

不同形貌的 ZnO 具有不同的红外发射率值。其中花状结构的 ZnO 的发射率值最低,为 0.673。该结构材料能有效降低对入射辐射的吸收能力,最终导致发射率降低。

第7章

ZnO/Ag复合材料的制备和表征

金属/半导体复合粒子由于具有独特且可调的光、电、机械等性质在科学和技术领域已引起人们的极大关注。其中，金属修饰的半导体氧化物材料在催化、传感、表面增强拉曼散射（SERS）等方向被广泛应用[165]。这些金属修饰的氧化物通常为胶粒、薄膜或一维结构（棒、线等）。

银纳米粒子是构建功能结构单元的一种重要金属，许多研究都围绕着银/氧化物复合材料展开。关于制备银/氧化物复合粒子的报道较多，常用的方法有化学沉积法、喷雾共沉淀法、声化学法和水热法等，采用的还原剂有 Sn^{2+}、$NaBH_4$、H_2 和 HCHO 等。第6章已经具体介绍过氧化锌的性质，它作为一种广泛使用的宽禁带直接带隙半导体材料，在理论探索和实际应用中都有很高的研究价值。目前，研究者们主要通过纳米掺杂氧化锌的方法来获得和提高 ZnO 的一些特殊性能。Ando 和合作者们[166]研究指出，在 ZnO 中添加 Mn 和 Ni 后，其磁力耦合特性显著增强。往 ZnO 中掺杂 Co 也得到了类似的结果[167]。尽管也有关于 ZnO/Ag 复合粒子的报道，但粒子的尺寸控制和分散性问题仍存在。

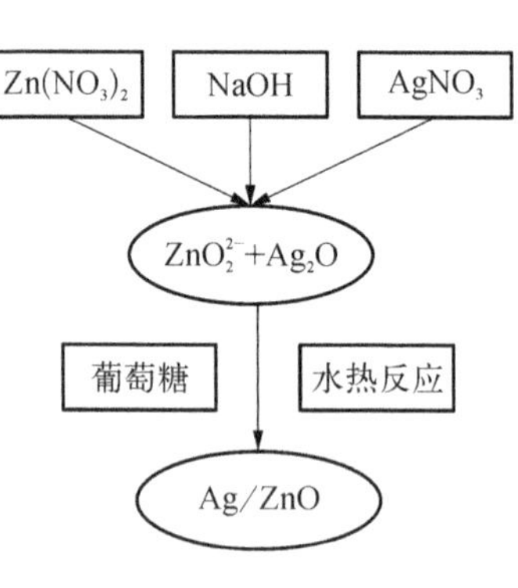

图7-1 ZnO/Ag复合物一步合成流程图

因此，在本章的研究中，分别采用一步水热法和化学沉积法制备 ZnO/Ag 复合材料。水热合成中，锌盐在碱性条件下转化为 ZnO 微晶的同时，用葡萄糖[168]来还原 Ag_2O 得到 Ag 纳米粒子，实验流程如图7-1所示。考察了不同 Ag 的添加量对复合粒子形貌的影响，并对机理进行了初步讨论。化学沉积的基本思路是，在合成好的 ZnO 棒上先修

饰上 Sn^{2+} 离子层，利用 Sn^{2+} 在酸性条件下强的还原性来还原 Ag^{+}。将这种 Sn^{2+} 功能化后的 ZnO 棒与 Ag^{+} 溶液接触，Ag^{+} 在 ZnO 棒表面被还原生成 Ag 单质，Sn^{2+} 被氧化为 Sn^{4+}，得到 Ag 纳米粒子负载的 ZnO/Ag 复合物，过程示意图如图 7-2所示。采用 TEM、SEM、XRD、UV-vis 等方法对合成的材料进行表征，并初步探讨了 ZnO/Ag 的形貌，Ag 纳米粒子的尺寸变化等对其红外发射率性能的影响。

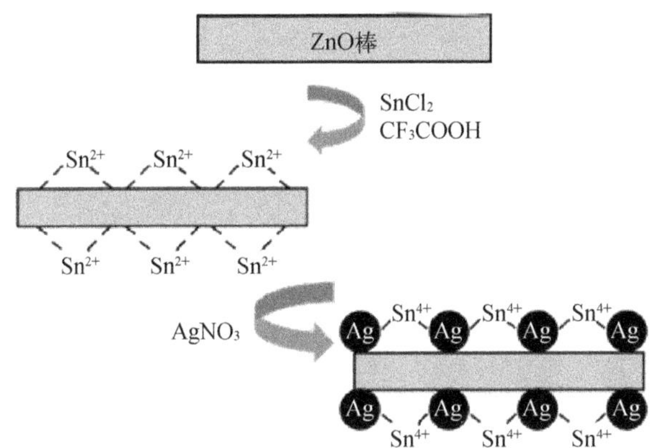

图 7-2　化学沉积法制备 ZnO/Ag 复合材料的示意图

7.1　实验部分

7.1.1　材料

六水合硝酸锌[$Zn(NO_3)_2 \cdot 6H_2O$，99%]；六次甲基四胺[HMT，$(CH_2)_6N_4$，99%]；三氟乙酸(CF_3COOH，99.5%)；二水合氯化亚锡($SnCl_2 \cdot 2H_2O$)；氢氧化钠(NaOH，98%)；硝酸银($AgNO_3$，99.5%)；十六烷基三甲基溴化铵[CTAB，$CH_3(CH_2)_{15}N^{+}(CH_3)_3Br^{-}$，99%]；葡萄糖($C_6H_{12}O_6$，99%)均为市售分析纯，购于上海化学试剂厂。实验用水均为二次蒸馏水。

7.1.2　化学沉积法制备 ZnO/Ag 复合粒子

ZnO 纳米棒按照前述方法制备(第 6 章 6.1.2 的系列 Ⅰ)。配制甲醇/水的混合溶液($V_{甲醇}:V_{水}=1:2$)，如没有特别说明，以下溶液均用该溶液配制。

配制A、B、C三份溶液：溶液A为45 mL含0.029 mol/L $SnCl_2 \cdot 2H_2O$和0.072 mol/L CF_3COOH的混合液；溶液B为5 mL质量分数为2%的ZnO悬浮液；溶液C为45 mL 0.039 mol/L的$AgNO_3$水溶液。将溶液A和B混合，室温下搅拌45 min后，将混合物离心分离，得到表面修饰上Sn^{2+}的ZnO棒，记为ZnO/Sn^{2+}。将得到的ZnO/Sn^{2+}重新分散于5 mL水中，与溶液C混合均匀，室温下反应5 min，得到ZnO/Ag复合物。将产物离心，用水和丙酮交替洗涤，50℃下真空干燥，待测。循环反应次数，可以得到不同数量Ag纳米粒子修饰的ZnO/Ag复合粒子。

7.1.3 一步水热法制备ZnO/Ag复合粒子

将5 mL 5 mol/L的NaOH水溶液滴加到2.5 mL 1 mol/L的$ZnNO_3$水溶液中，刚开始滴加的时候，出现白色混浊，随着NaOH的继续加入，溶液又变澄清。这是因为在碱浓度低时，Zn^{2+}与OH^-反应生成$Zn(OH)_2$沉淀，$[OH^-]/[Zn^{2+}]$超过4时，沉淀溶解，此时溶液中的Zn^{2+}全部转化为$Zn(OH)_4^{2-}$[见式(7.1)和(7.2)]。在搅拌下加入1 mL一定浓度的$AgNO_3$溶液(银的质量分数分别为0.8%，3%，8%，15%，22%)，溶液中立刻有黑色絮状物出现，表明Ag_2O沉淀的形成(AgOH容易转化为Ag_2O)。最后加入CTAB，搅拌至溶解。往上述溶液中加入蒸馏水，使整个溶液的体积达60 mL。将混合溶液移至带聚四氟乙烯内衬的不锈钢水热罐中，加入定量的葡萄糖后盖紧水热反应罐，在180℃下保温20 h，反应结束后自然冷却至室温。产物经离心分离后分别用丙酮和去离子水反复洗涤3～5遍，50℃下真空干燥，待测。

$$Zn^{2+} + 2OH^- \rightleftharpoons Zn(OH)_2 \tag{7.1}$$

$$Zn^{2+} + 4OH^- \rightleftharpoons Zn(OH)_4^{2-} \tag{7.2}$$

7.1.4 表征

粒子的形貌分别采用工作电压120 kV的Hitachi H-600型透射电子显微镜(TEM)和JSM-5610LV型扫描电子显微镜(SEM)进行测定。用Noran-vantage能量色散谱仪(EDS)分析样品的组成。用SHIMADZU UV-2201紫外-可见光谱仪进行紫外-可见光谱(UV-vis)分析，乙醇作分散液。用JY-HR800型激光散射光谱仪进行拉曼光谱分析。用XD-3A型X射线衍射仪进行XRD测试(测定条件：X射线为Cu线，波长λ为0.154 056 nm，40 kV/30 mA)。红外发射率(8～14 μm)用IRE-1红外辐射仪(中国科学院上海技术物理研究所)进行测定。

7.2　结果与讨论

7.2.1　形貌分析

图7-3为ZnO纳米棒负载Ag纳米粒子前后的TEM和SEM照片。从图7-3(a)和图7-3(b)可以看出,用水热法合成得到了长约2 μm,直径约为300 nm的ZnO棒,其中端面为六角形。电子衍射图证实了得到的ZnO为单晶结构,且沿着(0001)方向生长。化学沉积法中,ZnO棒首先被Sn^{2+}离子化,表面形成一层Sn^{2+}附着层。利用Sn^{2+}在酸性条件下具有强的还原性,使Ag^{+}在ZnO棒表面被还原生成Ag单质,Sn^{2+}被氧化为Sn^{4+},最终得到Ag种子化的ZnO棒。从图7-3(c)

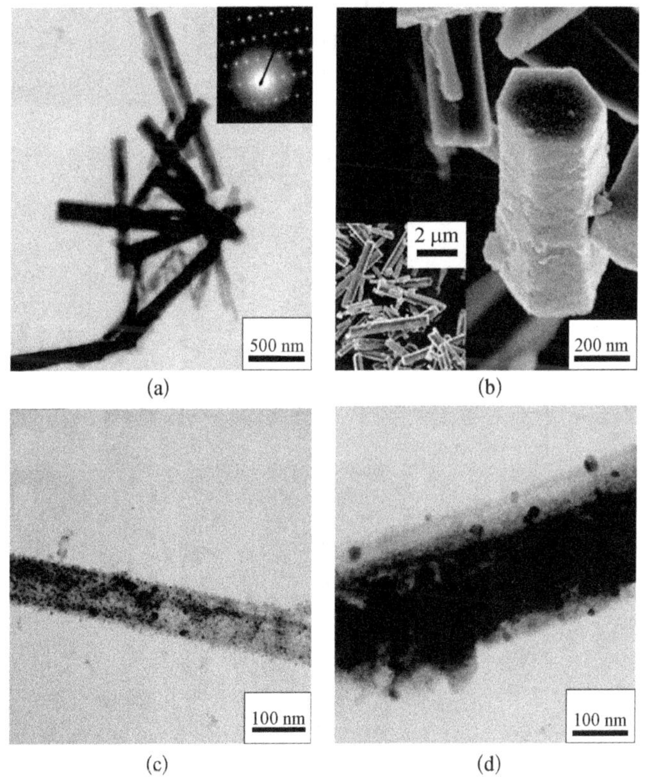

图7-3　样品的TEM和SEM图

(a,b) ZnO;(c) 一次还原反应后的ZnO/Ag复合物;(d) 二次还原反应后的ZnO/Ag复合物

可以看出，经过一次还原反应后，5～6 nm 左右的 Ag 纳米粒子沉积在 ZnO 表面，大小均一且分布均匀。在原来的基础上，循环反应次数。实验发现，随着反应次数的增加[图 7-3(d)]，修饰在 ZnO 表面的 Ag 粒子明显增大，并伴随着许多新的 Ag 纳米粒子生成。

水热法是合成不同形貌 ZnO 的常用方法之一。图 7-4(a)和图 7-4(b)为采用水热法制备的纯 ZnO 的 SEM 照片。可以看出，在表面活性剂 CTAB 的作用下，得到直径约为 5 μm 的花状 ZnO。这些 ZnO 花由许多细小箭状的棒组成，棒长约 2.5 μm，宽 200～300 nm。从 SEM 的视野中看出，除了花状，没有其他形貌出现，

图 7-4 不同银含量下 ZnO/Ag 复合物的 SEM 图

(a,b) 0%；(c) 0.8%；(d) 3%；(e) 8%；(f,g) 15%；(h,i) 22%

表明得到的ZnO为纯的花状结构，且分散性良好。在与制备ZnO相同的实验条件下，往反应液中添加Ag^+，制备ZnO/Ag复合物。银的质量分数分别取为0.8%、3%、8%、15%和22%。可以看出，随着银的加入，复合物的形状也随之发生改变。随着Ag含量的逐渐增大，得到的ZnO/Ag复合物有规律地由原来的花状向棒状结构转化，最终又变为花状结构。如图7-4(c)所示，当Ag含量较小时(0.8%)，原来ZnO的花状结构被部分破坏，出现了少量棒状的ZnO/Ag复合物。此时，生成的Ag纳米粒子较少，但较均匀地分布在复合物中[图7-5(a)和图7-5(b)]。增加Ag的加入量至3%时，复合物大部分为棒状，还有少量花状结构存在，且花瓣明显减少[图7-4(d)]。Ag含量增至8%时[图7-4(e)]，花状结构的ZnO完全消失，取而代之的是棒状的ZnO/Ag复合物。这些棒的直径约200～300 nm，长5 μm，许多Ag纳米粒子均匀地分散其中[图7-5(d)]。随着Ag含量的继续增

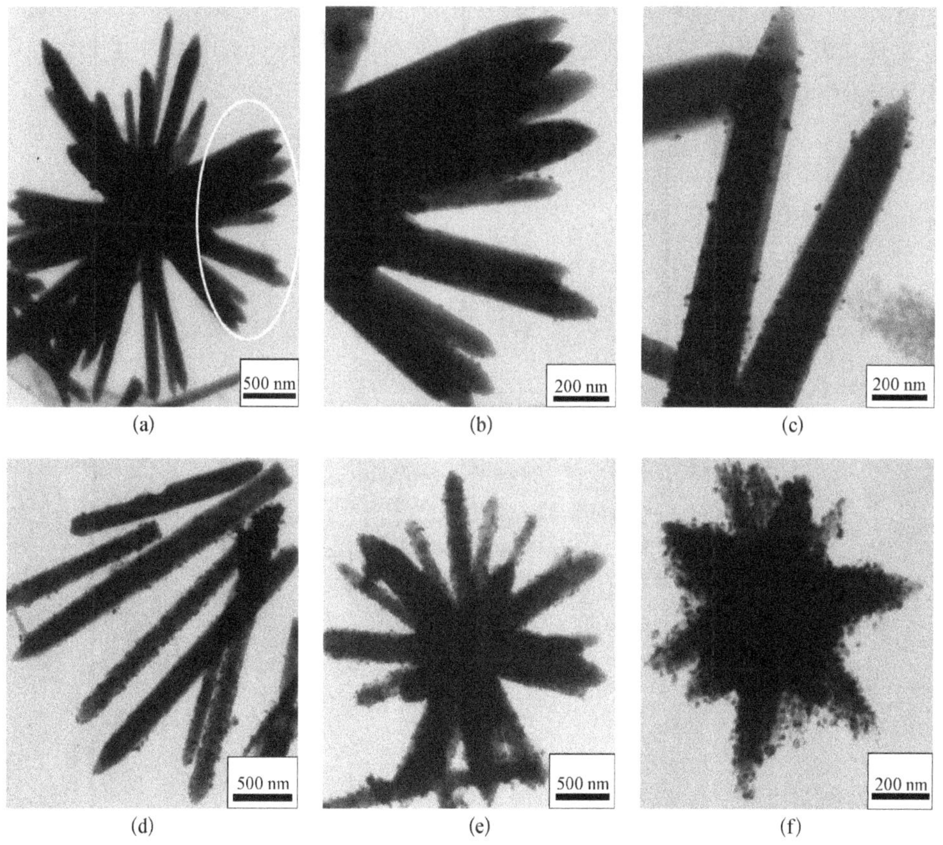

图7-5 不同银含量下ZnO/Ag复合物的TEM图

(a,b) 0.8%；(c) 3%；(d) 8%；(e) 15%；(f) 22%

加，当达到15%时[图7-4(f)和图7-4(g)]，氧化锌花状结构再次出现，但花瓣没有原来纯的ZnO的密集，变得有些稀疏，同时花瓣的直径变大。此时，复合物中的Ag纳米粒子更加密集，粒子也变大，如图7-5(e)所示。同时，也伴随着棒状ZnO。而进一步增加Ag含量到22%，ZnO/Ag复合粒子全部生成花状结构，且花瓣数量有所增加[图7-4(h)和图7-4(i)]。此时，复合物中的Ag纳米粒子也明显增大[图7-5(f)]。从TEM照片中可以看出，不论是棒状ZnO还是组成花状ZnO的细棒，末端都为针尖状，表明此时ZnO呈极性生长。另外，Ag纳米粒子沿着ZnO棒分布，没有散落的银粒子，表明生成的Ag纳米粒子全部参与形成ZnO/Ag复合物。

图7-6为ZnO/Ag复合粒子(实验中银添加量分别为0%、3%、15%)的EDX谱图。图中分别显示了C，O，Zn，Ag各元素的信号峰。可以看出，银的出峰强度与银的添加量基本对应。随着银含量的增加，EDX中对应的银峰强度变大，进一步证明了复合物中成功引入了银纳米粒子。另外，图中Pt的信号峰是由于样品喷金引起的。

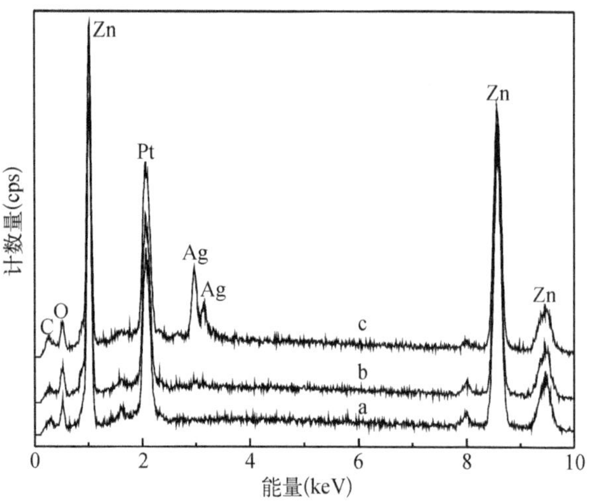

图7-6 不同Ag含量下ZnO/Ag复合物的EDX谱图

(a) 0%；(b) 3%；(c) 15%

7.2.2 光谱分析

ZnO/Ag复合物的XRD谱如图7-7所示，其中图7-7a～图7-7f对应Ag的添加量为0%、0.8%、3%、8%、15%和22%。从图中可以看出，各样品均出现了六方纤锌矿结构 ZnO 的特征衍射峰，分别对应 ZnO 的(100)、(002)、(101)、(102)、(110)、(103)、(200)、(112)、(201)和(202)各晶面，与标准谱图相吻合(JCPDS：36-1451，六方晶相，空间群 $P6_3mc$，晶胞参数为 $a=0.3249$ nm，$c=0.5206$ nm)。图中各衍射峰清晰且尖锐，证明得到的 ZnO 的结晶性良好。当 Ag 的添加量达到 8%时，在 38°处出现了 Ag(111)晶面的特征衍射峰。随着 Ag 的继续添加，该衍射峰变得更加明显，且峰强度变大，同时在 44°和 64°也出现了银的(200)、(220)晶面的特征峰。这一结果表明，复合物中的 Ag 为面心立方结构(fcc)(JCPDS：4-783)，Ag 的加入对 ZnO 的晶型没有大的影响。采用化学沉积法制备的 ZnO/Ag 复合粒子经 XRD 测试后结果表明，得到的样品也出现了六方纤锌矿结构的氧化锌和面心立方结构银的混合晶型，无其他杂质相存在。

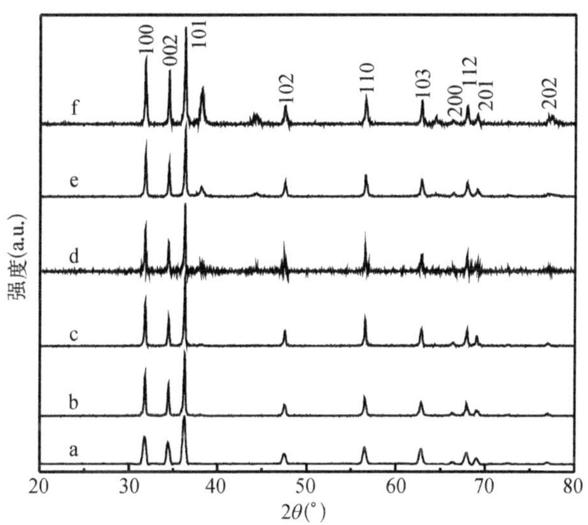

图 7-7 不同 Ag 含量下 ZnO/Ag 复合物的 XRD 图

(a) 0%；(b) 0.8%；(c) 3%；(d) 8%；(e) 15%；(f) 22%

对样品进行 UV-vis 光谱测定，如图 7-8 所示，图 7-8a～图 7-8f 分别对应银含量从 0%到 22%变化得到的 ZnO/Ag 复合物的 UV-vis 曲线。从图 7-8a 中可以看出，纯的 ZnO 在 370 nm 附近有个较小的吸收峰。当加入 Ag 纳米粒子后，由于金属 Ag 等离子共振吸收峰的影响，ZnO 的吸收峰消失(图 7-8b～图 7-8f)。此时在 400～600 nm 范围内形成宽峰，对应于银的共振吸收[169]。通常单纯的金属纳米粒子的等离子共振吸收峰相对较窄，当形成复合物后，复合体系中的金属纳米粒子受其他物质的影响(散射作用等)，峰会变宽，而峰的位置则由金属粒子在复合体系中的量决定。因此，形成 ZnO/Ag 复合物后，银的吸收峰明显宽化。此时，随着银量的增加，440 nm 附近对应的吸收峰明显变强（图 7-8b～图 7-8e）。当含量至 22%时，银的共振吸收峰发生蓝移至 420 nm（图 7-8f）。这是由于复合物中银纳米粒子数量增加且尺寸变大的缘故，与上述 TEM 和 XRD 结果一致。

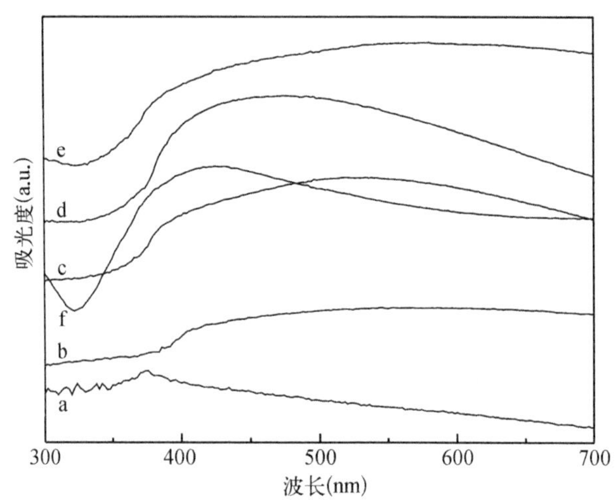

图 7-8 不同 Ag 含量下 ZnO/Ag 复合物的 UV-vis 吸收光谱图

(a) 0%；(b) 0.8%；(c) 3%；(d) 8%；(e) 15%；(f) 22%

图 7-9 为纯 ZnO 和 ZnO/Ag 复合物（银含量 8%）的表面增强拉曼光谱（SERS）。晶体 ZnO 通常为纤锌矿结构，属于 $P6_3mc$ 空间群。根据对称性筛选原则，纤锌矿结构有八个模式，分别为 $2E_2$，$2E_1$，$2A_1$ 和 $2B_2$。其中 $A_1+2E_2+E_1$ 为具有拉曼活性的[170]。从图 7-9a 可以看出，333 cm^{-1} 和 438 cm^{-1} 处的峰分别对应于 ZnO 二级散射和一级散射 E_2(high)的晶格振动[171]。这一结果与 Balandin 等[172]对 ZnO 拉曼光谱的理论计算结论一致。另外，E_2(high)晶格振动峰的半峰宽约 8 cm^{-1}，表明得到的 ZnO 有良好的结晶性（与图 7-7a 对应）。相对地，当 ZnO 中添加 Ag 纳米粒子后（8%），复合物拉曼谱中 ZnO 的 E_2(high)晶格振动峰消失，被 580 cm^{-1} 和 670 cm^{-1} 处的两个峰取代（图 7-9b）。580 cm^{-1} 处对应于 ZnO 的 E_1(LO)模式。当晶体不纯或缺陷增加时，会产生 E_1(LO)模式，ZnO/Ag 复合物的形成导致了这一振动峰的出现。而 670 cm^{-1} 处的峰是由添加的 Ag 纳米粒子引起的。这与在 ZnO/Fe 膜体系中得到的现象相似[173]。

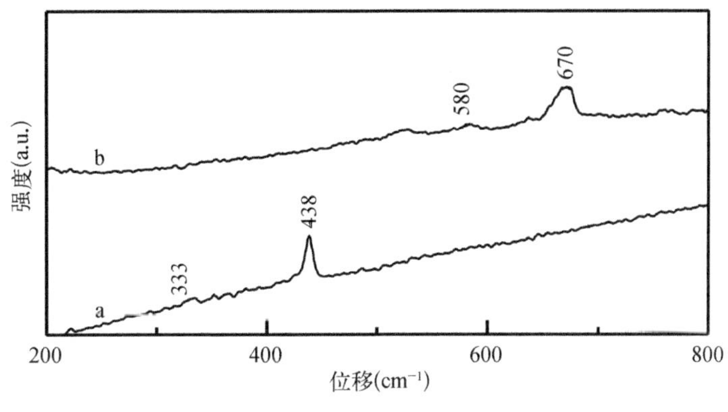

图7-9 样品的SERS图

(a) 花状ZnO;(b) Ag含量为8%的ZnO/Ag复合物

7.2.3 机理分析

在水热条件下采用一步法来制备ZnO/Ag复合物,其中Ag纳米粒子的形成和ZnO的生长同时进行。还原Ag纳米粒子,葡萄糖是一种简单有效的还原剂,可在沸腾状态下得到分散性好的银胶。水热环境正好提供了适合的温度和压力,有利于银和氧化锌的形成和生长。通常,块状ZnO为极性晶体,正极性面富含Zn原子,负极性面为O原子。根据Laudise的极性晶体生长理论阐述[174],晶体沿(0001)晶向的生长速率最快,因此(0001)晶面消失的也最快。$[Zn(OH)_4]^{2-}$,ZnO的生长单元,在水热条件下沿(0001)晶向生长,因此形成尖端的ZnO棒或剑状花瓣的ZnO,反应方程式见式(7.3)~(7.6)。没有添加银纳米粒子时,在表面活性剂CTAB的作用下,形成花状的ZnO,可能的机理已经在第6章6.2.2中讨论过。$[Zn(OH)_4]^{2-}$与阳离子表面活性剂CTAB形成复合物CTAB-$[Zn(OH)_4]^{2-}$,吸附在ZnO晶核的表面,降低其表面能,形成多个活性点,因此形成花状的ZnO[175]。

$$Zn^{2+} + 2OH^- \rightleftharpoons Zn(OH)_2 \tag{7.3}$$

$$Zn(OH)_2 \longrightarrow ZnO + H_2O \tag{7.4}$$

$$Zn(OH)_2 + 2OH^- \rightleftharpoons [Zn(OH)_4]^{2-} \tag{7.5}$$

$$[Zn(OH)_4]^{2-} \rightleftharpoons ZnO + 2OH^- + H_2O \tag{7.6}$$

$$2Ag^+ + 2OH^- \longrightarrow 2AgOH \longrightarrow Ag_2O + H_2O \tag{7.7}$$

$$Ag_2O + CH_2OH(CHOH)_4CHO \longrightarrow Ag + CH_2OH(CHOH)_4COOH \tag{7.8}$$

为什么加入 Ag 纳米粒子后，ZnO 的形貌受到影响呢？Mu 等[176]研究发现，在 ZnO 的制备过程中，Ag^+ 浓度的增加破坏了 Zn^{2+} 与氨水之间的平衡，使 ZnO 从束状向棒状变化。而在本实验中，添加的 Ag 量与碱浓度相比较可以忽略。此外，利用功能有机分子与无机离子配位或吸附在晶核的表面，使粒子晶面能和各晶面生长速率发生变化来控制粒子的形貌也是液相法制备无机纳米材料的常用方法之一。而在本文中只使用了一种有机添加剂 CTAB，由此推断，Ag 纳米粒子的形成是得到不同形貌 Ag/ZnO 复合物的关键。当 Ag 添加到 ZnO 中后[反应方程式见式(7.7)～式(7.8)]，在浓度较小时，形成的 Ag 纳米粒子组装在 ZnO 晶核上，形成一个均一的成核表面，ZnO 继续生长形成棒状[171]。不同种类和尺寸的金属粒子作为结构导向剂可以得到不同形貌的 ZnO。因此，随着 Ag 浓度的增加，Ag 纳米粒子也变大，有利于得到花状 Ag/ZnO 复合物。图 7－10 给出了不同形貌的 ZnO/Ag 的形成示意图。

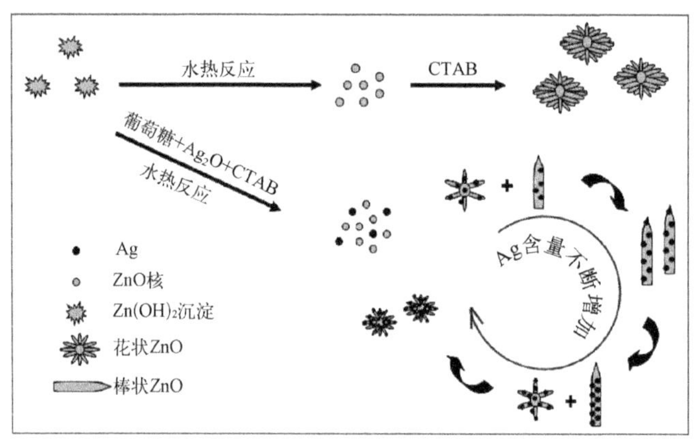

图 7－10　ZnO/Ag 复合物的生长机理示意图

7.2.4　红外发射率分析

棒状 ZnO 和 ZnO/Ag 复合粒子的红外发射率数据见表 7－1。可以看出，单一的棒状 ZnO 的红外发射率值较高(0.964)。采用化学沉积法在 ZnO 棒表面沉积 Ag 纳米粒子。经 XRD 分析，银纳米粒子为面心立方结构的金属单质。金属的高反射性使得到的 ZnO/Ag 复合物的红外发射率值降低至 0.763。随着 Ag 沉积量的增加，ZnO/Ag 复合物的红外发射率值进一步减小(0.655)。而由第 6 章分析可知，单纯的花状结构 ZnO 的红外发射率较低。因此，采用水热法合成得到的花状 ZnO/Ag 复合物的红外发射率值，随着金属 Ag 的添加进一步下降，且随着 Ag 含量的增加(15%～22%)而降低,最低至 0.329。

表 7-1　样品的红外光谱值

样　品　名　称	红外发射率 ε_{TIR}(波段范围 8～14 μm)
棒状 ZnO	0.964
棒状 ZnO/Ag*	0.763
棒状 ZnO/Ag**	0.655
$ZnO/Ag_{(15\%)}$	0.573
$ZnO/Ag_{(22\%)}$	0.329

* Ag 粒子一次化学沉积; ** Ag 粒子二次化学沉积

7.3　小结

采用化学沉积和一步水热两种方法合成了 ZnO/Ag 复合粒子,其中 Ag 纳米粒子为面心立方结构,在复合物中分散均匀,ZnO 为六方纤锌矿结构。化学沉积法中,将 ZnO 棒用 Sn^{2+} 功能化后,利用 Sn^{2+} 的还原性还原 Ag^{+},形成 Ag 单质修饰的 ZnO 棒表面。

一步水热法中,随着 Ag 纳米粒子的添加,复合粒子由花状结构向棒状转变,最终变为花状。当 Ag^{+} 的浓度较低时,即 Ag 纳米粒子较小,容易得到棒状结构的复合粒子;随着 Ag^{+} 的浓度的增加,得到的较大尺寸的 Ag 纳米粒子诱导 ZnO 生长趋于花状。不同尺寸的 Ag 纳米粒子与 ZnO 晶核之间不同的相互作用,导致了复合物形貌由花状向棒状转变,最终又形成花状结构。

棒状或花状 ZnO/Ag 复合粒子的红外发射率较单一的棒状和花状 ZnO 明显降低。单一的棒状 ZnO 的红外发射率值较高,随着具有高反射性能的金属 Ag 的添加,得到的棒状 ZnO/Ag 复合物的红外发射率值显著降低至 0.763。随着 Ag 沉积量的增加,棒状 ZnO/Ag 复合物的红外发射率值进一步减小至 0.655。采用水热法合成得到的花状 ZnO/Ag 复合物的红外发射率值最低可至 0.329。

第 8 章

胶原基复合材料的制备和表征

有机/无机复合物的研究发展成为材料领域的一个主要研究方向。有机相与无机相之间的协同效应使复合材料具有不同于单一相的光、电、磁、力等性能[177,178]。目前,利用有机分子所含有的功能团与纳米无机物之间的相互作用,将有机分子固定在无机基底上被广泛研究。其中,有机分子对氧化物粒子表面进行修饰进而复合是研究较多的一种复合物的制备方法,如二氧化硅粒子和硅氧烷偶联剂[179],金纳米粒子与硫基官能团[180]。氧化物粒子表面存在很多的活性基团,如表面羟基,配位不饱和离子,可以和诸多有机分子发生反应。

在材料研究领域,利用天然生物大分子的物理、化学特性来开发新一代的纳米功能材料已成为研究前沿。生物大分子具有独特的可实现功能化的化学和生物性质,已普遍应用于纳米材料的制备[181]。选择特定的组成相可设计出具有特定性能的有机/无机复合物。例如,蛋白质可紧密吸附于氧化物表面形成生物兼容性良好的功能膜[182];聚肽大分子与氧化铁纳米粒子的复合物具有很好的生物相容性、稳定性,是一种很有前途的药物载体[183];DNA 主导的纳米粒子的自组装膜用于生物探测[184],等等。利用生物分子制备下一代纳米复合材料已成为材料研究的发展趋势。

胶原蛋白(collagen)是一种天然的生物大分子,存在于所有高等多细胞动物体内而且是含量最多的一类细胞外蛋白质[185]。它由三条肽链作螺旋状缠绕而成,长 300 nm,直径约 1.5 nm,分子量约 300 KD,储存着较高密度的电偶极子和分子束缚电荷,呈现明显的驻极态,具有极化、静电等性能。同时胶原大分子中富含对氧化物有一定亲和力的氧、氮等原子[186],因而可以用来修饰和稳定氧化物纳米粒子。而氧化物纳米粒子尺寸小,表面积大,表面能高,位于表面的原子占相当大的比例。

这些表面原子处于严重缺位状态，容易与胶原蛋白分子链的活性基团通过界面作用（静电作用和氢键等）键合。

因此，在本章的研究中，利用甲基丙烯酸甲酯（MMA）为接枝剂来改性胶原，得到接枝胶原（Col－g－PMMA）。用纯胶原（Col）、制得的胶原接枝共聚物分别与 Ag@TiO_2核壳纳米粒子超声复合，得到 Col/Ag@TiO_2和 Col－g－PMMA/Ag@TiO_2复合粒子。采用 TEM、XRD、TG/DTA 等方法对合成的材料表征，并研究了胶原、接枝胶原与核壳纳米粒子形成的复合材料的红外发射性能。

8.1 实验部分

8.1.1 材料

胶原（Ⅰ，Ⅲ型，等电点约 6.5），北京陶正生物工程有限公司；异丙醇钛（titanium isopropoxide，TIPP），Fluka 公司；曲拉通 X－100（TX－100，辛基苯基聚氧乙烯醚），AMRESCO 公司；甲基丙烯酸甲酯（MMA），上海五联化工厂，化学纯，质量分数≥98％，使用前需在氮气保护下减压蒸馏以去除阻聚剂；硝酸银（$AgNO_3$），上海化学试剂厂；硼氢化钠（$NaBH_4$），上海化学试剂厂；硝酸铈铵（CAN），上海化学试剂厂，用 1 mol/L 的硝酸溶液配成 0.5 mol/L 的溶液。其他所用试剂均为市售分析纯，使用前未经进一步纯化。实验用水均为二次蒸馏水。

8.1.2 Ag@TiO_2核壳粒子的制备

按照前述方法制备（第 2 章 2.1.3）。

8.1.3 接枝胶原（胶原）/Ag@TiO_2复合物的制备

胶原接枝聚甲基丙烯酸甲酯共聚物（Col－g－PMMA）的制备：称取一定量的胶原溶于甲醇水溶液中（$V_{甲醇}:V_{水}=1:3$），边搅拌，边通氮气，升温至预定温度。先后加入所需的反应引发剂硝酸铈铵和甲基丙烯酸甲酯（MMA）单体，搅拌下反应 3 h，静置。反应混合物经抽滤、洗涤，得到 MMA 单体的均聚物和接枝胶原共聚物的混合产物。将混合产物用丙酮萃取 72 h，每隔 8 h 换一次丙酮，以除去 PMMA 均聚物。最后用热蒸馏水（60℃）萃取，过滤，60℃下真空干燥得胶原接枝共聚物。

复合过程：将胶原、胶原接枝共聚物和 Ag@TiO_2纳米粒子分别按比例混合

($W_{Col\text{-}g\text{-}PMMA}$: $W_{Ag@TiO_2}$ =4 : 1;W_{Col} : $W_{Ag@TiO_2}$ =4 : 1),搅拌分散于无水乙醇中,在超声振荡器中超声振荡至设定时间,静置分层,抽滤,50℃下真空干燥 2 h,得到 Col/Ag@TiO_2和 Col - g - PMMA/Ag@TiO_2纳米复合物。

8.1.4 表征

各样品经 KBr 压片,用 Nicolet Magna - IR 750 光谱仪作红外光谱(IR)分析。采用 SDT Q600 系统进行热性能分析(TG - DTA),N_2保护,升温速率为 20℃/min。红外发射率(8~14 μm)用 IRE - 1 红外辐射仪(中国科学院上海技术物理研究所)进行测定。

8.2 结果与讨论

8.2.1 红外光谱分析

Ag@TiO_2的核壳结构在第 2 章中已经得到证实,TiO_2壳完整地包覆 Ag 纳米粒子。相对于其他金属氧化物粒子,TiO_2中 Ti—O 键的极性较大,表面吸附的水因极化发生解离,容易形成羟基。因此,在复合过程中,在 TiO_2粒子表面形成的羟基基团或吸附的水分子极易和胶原大分子形成氢键或发生置换配位反应。Ag@TiO_2核壳纳米粒子,胶原-甲基丙烯酸甲酯接枝共聚物和胶原-甲基丙烯酸甲酯接枝共聚物/Ag@TiO_2纳米复合物的红外光谱如图 8 - 1 所示。从图 8 - 1a 中可以清楚地看出,在 3 440 cm^{-1}处出现的宽峰为 Ag@TiO_2核壳纳米粒子表面羟基的特征吸收峰。在 1 630 cm^{-1}处出现了—OH 的弯曲伸缩振动峰。同时,500 cm^{-1}附近的宽峰是由 Ti—O 键的伸缩振动引起的。胶原接枝聚甲基丙烯酸甲酯后(图 8 - 1b),在 1 647 cm^{-1}处出现了胶原骨架的酰胺 I 带特征吸收谱带,证明了胶原骨架的存在[187]。另外,在 1 730 cm^{-1}有酯基中 C=O 键的谱带,在 1 243 cm^{-1}和 1 150 cm^{-1}处有酯基中 C—O 键的谱带,在 1 064 cm^{-1}、840 cm^{-1}和 750 cm^{-1}都出现了甲基丙烯酸甲酯的特征吸收峰,说明了胶原接枝共聚物中聚甲基丙烯酸甲酯支链的存在[188]。当胶原接枝共聚物与 Ag@TiO_2核壳纳米粒子复合后,从图 8 - 1c 可以看到,原来在 3 440 cm^{-1}处出现的对应于 TiO_2粒子表面羟基的宽峰,微弱地移动至 3 435 cm^{-1},表明接枝胶原中 C=O 键与 TiO_2表面羟基之间氢键的形成。同时,胶原大分子骨架的酰胺基团的吸收峰从 1 647 cm^{-1}红移到了 1 635 cm^{-1},这显示了原先与处于粒子表面的配位不饱和金属钛离子形成配位的水分子与胶原大分子的骨架上的 C=O 基团形成氢键。此外，还出现了甲基丙烯酸甲酯和 TiO_2 粒子的特征吸收峰，表明形成了胶原-甲基丙烯酸甲酯接枝共聚物/Ag@TiO_2 纳米复合物。

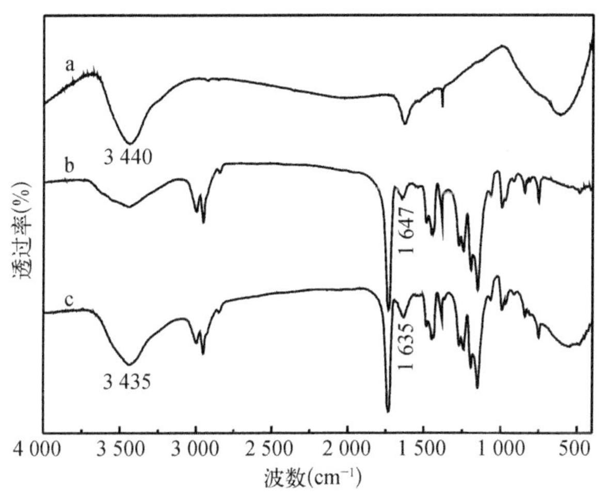

图 8-1 样品的 IR 光谱图

(a) Ag@TiO_2 纳米粒子；(b) Col-g-PMMA 复合物；(c) Col-g-PMMA/Ag@TiO_2 复合物

8.2.2 热性能分析

聚甲基丙烯酸甲酯类聚合物的热分解是通过分子链的展开运动进行的，几乎可以定量地分解为单体[189]。其分解过程一般主要有两个阶段，第一阶段大约开始于 220℃，由不饱和链端的链分解引起的，第二阶段大约开始于 300℃，是由主链分解引起的。图 8-2 给出了接枝胶原/Ag@TiO_2 复合粒子的 TG-DSC 曲线。从图中可以看出，在 TG 曲线中，从 220℃ 开始出现了一新的失重台阶，这是聚甲基丙烯酸甲酯支链的主要失重台阶，说明了在胶原大分子骨架上有大量的聚甲基丙烯酸甲酯接枝支链存在，并且失重开始于较高的温度，表明聚甲基丙烯酸甲酯支链的引入使接枝胶原的热稳定性大大提高(纯胶原的变性温度为 38℃[190])。同时，在 420～580℃ 处有一个较小的失重台阶，这是 Ag@TiO_2 纳米粒子表面二氧化钛中的羟基的分裂失水引起的。TiO_2 的表面羟基形式多样，从而导致了失重在较宽的温度范围内发生[124]。同时，在 DSC 曲线上，由于聚甲基丙烯酸甲酯的分解吸热，在 400℃ 左右出现一吸热峰。400～600℃ 处出现了一放热宽峰，这可能对应于 TiO_2 的表面羟基分裂引起二氧化钛的晶型变化(从无定形向锐钛矿型转变)。进一步证明了 TiO_2 的晶型转变温度落在该范围，与第 2 章中 XRD 分析相对应。

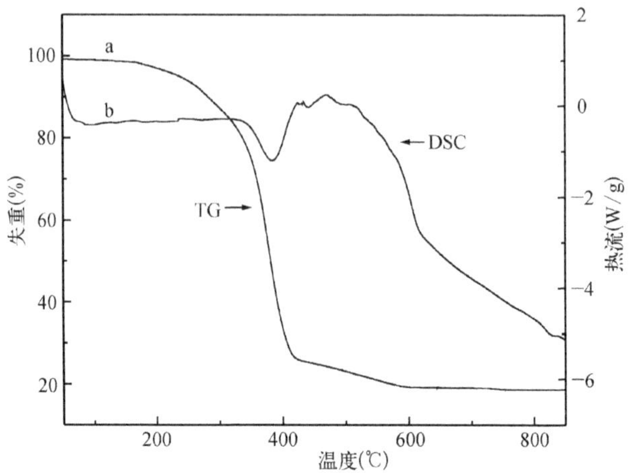

图 8-2　Col-g-PMMA/Ag@TiO_2复合物的 TG-DSC 分析

8.2.3　红外发射率分析

表 8-1 为接枝胶原(胶原)复合的 Col-g-PMMA(Col)/Ag@TiO_2的红外发射率数据。从表中可以看出,纯胶原(Col)和 Col-g-PMMA 在 8～14 μm 波段都具有较高的红外发射率,分别为 0.851 和 0.896。Ag@TiO_2核壳纳米粒子的红外发射率为 0.514,与 Col-g-PMMA 和胶原复合后,复合物的红外发射率分别降为 0.496 和 0.485,都低于胶原、Col-g-PMMA 和 Ag@TiO_2核壳纳米粒子。由于形成复合物的两种物质间也存在相互作用的界面层,因而界面层具有与两种本体粒子不同的红外发射率,且纳米粒子具有大的比表面,界面层在复合物中的比例高,所以复合物的红外发射率降低。同时,Col/Ag@TiO_2复合物的红外发射率比Col-g-PMMA/Ag@TiO_2降低了 0.011,这可能是由于 PMMA 支链的引入,使胶原在复合物中的比例减小,即在与纳米粒子相互作用的界面层中胶原所占的比例减小,使红外发射率升高。同时,PMMA 在热红外波段(TIR)由于其官能团的分子振动,具有明显的吸收峰[191],也导致了红外发射率值略微升高。

表 8-1　样品的红外发射率值

样　品　名　称	红外发射率 ε_{TIR}(波段范围 8～14 μm)
Col	0.851
Col-g-PMMA	0.896
Ag@TiO_2	0.514
Col-g-PMMA/Ag@TiO_2	0.496
Col/Ag@TiO_2	0.485

8.3 小结

采用接枝共聚和反相微乳液两种方法分别制备胶原接枝聚甲基丙烯酸甲酯共聚物(Col-g-PMMA)和 TiO_2 包覆 Ag 的核壳纳米粒子($Ag@TiO_2$),并用纯胶原(Col)、制得的胶原接枝共聚物分别和核壳粒子超声复合,得到 $Col/Ag@TiO_2$ 和 $Col-g-PMMA/Ag@TiO_2$ 复合粒子。

氢键、配位、静电作用控制着胶原分子和接枝胶原在 $Ag@TiO_2$ 核壳粒子表面的吸附。

$Col-g-PMMA/Ag@TiO_2$ 复合物的红外发射率较单一的 Col-g-PMMA 和 $Ag@TiO_2$ 核壳纳米粒子的红外发射率也有所下降,而较 $Col/Ag@TiO_2$ 略高,但热稳定性有所提高。胶原、胶原接枝共聚物纳米粒子和核壳粒子之间较强的复合协同效应降低了复合物的红外发射率。

参考文献

[1] 庄海燕，郑添水，任润桃，等.红外隐身涂料的研究现状及发展趋势.材料开发与应用，2006，21(3)：43－46.

[2] 郦江涛，姜卫陵，赵云峰.红外隐身涂料的研究进展.宇航材料工艺，2000，5：15－18.

[3] 张卫东，冯小云，孟秀兰.国外隐身材料研究进展.宇航材料工艺，2000，30(3)：1－4.

[4] 张立德，牟季美.纳米材料和纳米结构.北京：科学出版社，2002：1－95.

[5] Leon R，Petroff P M，Leonard D，et al. Spatially resolved visible luminescence of self-assembled semiconductor quantum dots. Science，1995，267(5206)：1966－1968.

[6] Klabunde K J，Stark J，Koper O，et al. Nanocrystals as stoichiometric reagents with unique surface chemistry. Journal of Physical Chemistry，1996，100(30)：12142－12153.

[7] Ovchinnikov Y N，Barone A，Varlamov A A. Macroscopic quantum tunneling in "small" Josephson junctions in a magnetic field. Physical Review Letters，2007，99(3)：037004.

[8] Li C，Zhang D H，Han S，et al. Diameter-controlled growth of single-crystalline In_2O_3 nanowires and their electronic properties. Advanced Materials，2003，15(2)：143－146.

[9] Wu Y，Yang P. Direct observation of vapor-liquid-solid nanowire growth. Journal of the American Chemical Society，2001，123(13)：3165－3166.

[10] Gu H S, Hu Y M, You J, et al. Characterization of single-crystalline $PbTiO_3$ nanowires growth via hydrothermal method. Journal of Applied Physics, 2007, 101(2): 024319.

[11] Cui X J, Yu S H, Li L L, et al. Fabrication of Ag_2SiO_3/SiO_2 composite nanotubes using a one-step sacrificial templating solution approach. Advanced Materials, 2004, 16(13): 1109 - 1112.

[12] Li S N, He P G, Dong J H, et al. DNA-directed self-assembling of carbon nanotubes. Journal of the American Chemical Society, 2005, 127(1): 14 - 15.

[13] Xie B, Jiang Y, Yang S W, et al. Synthesis of NiS nanowhiskers via surfactant-aid hydrothermal reaction. Chemistry Letters, 2002, 31(2): 254 - 255.

[14] Kapoor M P, Inagaki S. Synthesis of cubic hybrid organic-inorganic mesostructures with dodecahedral morphology from a binary surfactant mixture. Chemistry of Materials, 2002, 14(8): 3509 - 3514.

[15] Butler R, Davies C M, Cooper A I. Emulsion templating using high internal phase supercritical fluid emulsions. Advanced Materials, 2001, 13(19): 1459 - 1463.

[16] Spadavecchia J, Prete P, Lovergine N, et al. Au nanoparticles prepared by physical method on Si and sapphire substrates for biosensor applications. Journal of Physical Chemistry B, 2005, 109(37): 17347 - 17349.

[17] Jin R, Jureller J E, Kim H Y, et al. Correlating second harmonic optical responses of single Ag nanoparticles with morphology. Journal of the American Chemical Society, 2005, 127(36): 12482 - 12483.

[18] Wu N, Fu L, Su M, et al. Interaction of fatty acid monolayers with cobalt nanoparticles. Nano Letters, 2004, 4(2): 383 - 386.

[19] Yang J, Lee J Y, Too H P. Core-shell Ag - Au nanoparticles from replacement reaction in organic medium. Journal of Physical Chemistry B, 2005, 109(41): 19208 - 19212.

[20] Wang H Q, Wang J H, Li Y Q, et al. Multi-color encoding of polystyrene microbeads with CdSe/ZnS quantum dots and its application in immunoassay. Journal of Colloid and Interface Science, 2007, 316(2):

622 - 627.

[21] Wang X W, Fei G T, Xu X J, et al. Size-dependent orientation growth of large-area ordered Ni nanowire arrays. Journal of Physical Chemistry B, 2005, 109(51): 24326 - 24330.

[22] Routkevitch D, Bigioni T, Moskovits M, et al. Electrochemical fabrication of CdS nanowire arrays in porous anodic aluminum oxide templates. Journal of Physical Chemistry, 1996, 100(33): 14037 - 14047.

[23] Manna L, Scher E C, Alivisatos A P. Synthesis of soluble and processable rod-, arrow-, teardrop-, and tetrapod-shaped CdSe nanocrystals. Journal of the American Chemical Society, 2000, 122(51): 12700 - 12706.

[24] Duan X, Lieber C M. General synthesis of compound semiconductor nanowires. Advanced Materials, 2000, 12(4): 298 - 302.

[25] Fan H J, Lee W, Schola R, et al. Arrays of vertically aligned and hexagonally arranged ZnO nanowires: a new template-directed approach. Nanotechnology, 2005, 16(6): 913 - 917.

[26] Wang G, Park J, Wexler D, et al. Synthesis, characterization, and optical properties of In_2O_3 semiconductor nanowires. Inorganic Chemistry, 2007, 46(12): 4778 - 4780.

[27] Liu J, Rinzler A G, Dai H J, et al. Fullerene pipes. Science, 1998, 280 (5367): 1253 - 1255.

[28] Lee S B, Martin C R. Electromodulated molecular transport in gold-nanotube membranes. Journal of the American Chemical Society, 2002, 124 (40): 11850 - 11851.

[29] Obare S O, Jana N R, Murphy C J. Preparation of polystyrene- and silica-coated gold nanorods and their use as templates for the synthesis of hollow nanotubes. Nano Letters, 2001, 1(11): 601 - 603.

[30] Roy S C, Paulose M, Grimes C A. The effect of TiO_2 nanotubes in the enhancement of blood clotting for the control of hemorrhage. Biomaterials, 2007, 28(31): 4667 - 4672.

[31] Albu S P, Ghicov A, Macak J M, et al. Self-organized, free-standing TiO_2 nanotube membrane for flow-through photocatalytic applications. Nano Letters, 2007, 7(5): 1286 - 1289.

[32] Gao P, Wang Z L. Self-assembled nanowire-nanoribbon junction arrays of ZnO. Journal of Physical Chemistry B, 2002, 106(49): 12653 - 12658.

[33] Pan Z W, Dai Z R, Wang Z L. Nanobelts of semiconducting oxides. Science, 2001, 291(5510): 1947 - 1949.

[34] Wang L S, Zhang X Z, Zhao S Q, et al. Synthesis of well-aligned ZnO nanowires by simple physical vapor deposition on c-oriented ZnO thin films without catalysts or additives. Applied Physics Letters, 2005, 86(2): 1 - 3.

[35] Zhang H Z, Wang R M, Zhu Y M. Effect of adsorbates on field-electron emission from ZnO nanoneedle arrays. Journal of Applied Physics, 2004, 96(1): 624 - 628.

[36] Xing Y J, Xi Z H, Xue Z Q, et al. Optical properties of the ZnO nanotubes synthesized via vapor phase growth. Applied Physics Letters, 2003, 83(9): 1689 - 1691.

[37] Vayssieres L. Growth of arrayed nanorods and nanowires of ZnO from aqueous solutions. Advanced Materials, 2003, 15(5): 464 - 466.

[38] Govender K, Boyle D S, O'Brien P, et al. Room-temperature lasing observed from ZnO nanocolumns grown by aqueous solution deposition. Advanced Materials, 2002, 14(17): 1221 - 1224.

[39] Hung C H, Whang W T. A novel low-temperature growth and characterization of single crystal ZnO nanorods. Materials Chemistry and Physics, 2003, 82(3): 705 - 710.

[40] Boyle D S, Govender K, O'Brien P. Novel low temperature solution deposition of perpendicularly orientated rods of ZnO: substrate effects and evidence of the importance of counter-ions in the control of crystallite growth. Chemical Communications, 2002, (1): 80 - 81.

[41] Zhang X L, Kang Y S. Large-scale synthesis of perpendicular side-faceted one-dimensional ZnO nanocrystals. Inorganic Chemistry, 2006, 45(10): 4186 - 4190.

[42] Zheng M J, Zhang L D, Li G H. Fabrication and optical properties of large-scale uniform zinc oxide nanowire arrays by one-step electrochemical deposition technique. Chemical Physics Letters, 2002, 363(1 - 2): 123 - 128.

[43] Li Y, Meng G W, Zhang L D, et al. Ordered semiconductor ZnO nanowire arrays and their photoluminescence properties. Applied Physics Letters, 2000, 76(15): 2011 - 2013.

[44] Cheng J P, Guo R Y, Wang Q M. Zinc oxide single-crystal microtubes. Applied Physics Letters, 2004, 85(22): 5140 - 5142.

[45] Kong X Y, Wang Z L. Polar-surface dominated ZnO nanobelts and the electrostatic energy induced nanohelixes, nanosprings, and nanospirals. Applied Physics Letters, 2004, 84(6): 975 - 977.

[46] Wen J G, Lao J Y, Wang D Z, et al. Self-assembly of semiconducting oxide nanowires, nanorods, and nanoribbons. Chemical Physics Letters, 2003, 372(5 - 6): 717 - 722.

[47] Fleming S, Mandal T K, Walt D R. Nanosphere-microsphere assembly methods for core-shell materials preparation. Chemistry of Materials, 2001, 13(6): 2210 - 2216.

[48] Zhao B, Zhu L. Nanoscale phase separation in mixed poly (tert-butyl acrylate)/polystyrene brushes on silica nanoparticles under equilibrium melt conditions. Journal of the American Chemical Society, 2006, 128(14): 4574 - 4575.

[49] Tiarks F, Landfester K, Antonietti M. Silica nanoparticles as surfactants and fillers for latexes made by miniemulsion polymerization. Langmuir, 2001, 17(19): 5775 - 5780.

[50] Zhou J, Chen M, Qiao X G, et al. Facile preparation method of SiO_2/PS/TiO_2 multilayer core-shell hybrid microspheres. Langmuir, 2006, 22(24): 10175 - 10179.

[51] Hall S R, Davis S A, Mann S. Co-condensation of organosilica hybrid shells on nanoparticle templates: a direct synthetic route to functionalized core-shell colloids. Langmuir, 2000, 16(3): 1454 - 1456.

[52] Tunc I, Demirok U K, Suzer S, et al. Charging/discharging of Au(core)/silica (shell) nanoparticles as revealed by XPS. Journal of Physical Chemistry B, 2005, 109(50): 24182 - 24184.

[53] Chen C W, Chen M Q, Serizawa T, et al. In-situ formation of silver nanoparticles on poly (n-isopropylacrylamide)-coated polystyrene microspheres.

Advanced Materials, 1998, 10(14): 1122 - 1126.

[54] Dick K, Dhanasekaran T, Zhang Z, et al. Size-dependent melting of silica-encapsulated gold nanoparticles. Journal of the American Chemical Society, 2002, 124(10): 2312 - 2317.

[55] Zhang D, Song X M, Zhang R W, et al. Preparation and characterization of Ag@TiO_2 core-shell nanoparticles in water-in-oil emulsions. European Journal of Inorganic Chemistry, 2005, 2005(9): 1643 - 1648.

[56] Eswaranand V, Pradeep T. Zirconia covered silver clusters through functionalized monolayers. Journal of Materials Chemistry, 2002, 12(8): 2421 - 2425.

[57] Oldfield G, Ung T, Mulvaney P. Au@SnO_2 core-shell nanocapacitors. Advanced Materials, 2000, 12(20): 1519 - 1522.

[58] Liz-Marzan L M, Giersig M, Mulvaney P. Synthesis of nanosized gold-silica core-shell particles. Langmuir, 1996, 12(18): 4329 - 4335.

[59] Stöber W, Fink A, Bohn E. Cotrolled growth of monodisperse silica spheres in the micron size range. Journal of Colloid and Interface Science, 1968, 26(1): 62 - 69.

[60] Graf C, Vossen D L J, Imhof A, et al. A general method to coat colloidal particles with silica. Langmuir, 2003, 19(17): 6693 - 6700.

[61] Lu Y, Yin Y, Mayers B T, et al. Modifying the surface properties of superparamagnetic iron oxide nanoparticles through a sol-gel approach. Nano Letters, 2002, 2(3): 183 - 186.

[62] Mine E, Yamada A, Kobayashi Y, et al. Direct coating of gold nanoparticles with silica by a seeded polymerization technique. Journal of Colloid and Interface Science, 2003, 264(2): 385 - 390.

[63] Li T, Moon J, Morrone A A, et al. Preparation of Ag/SiO_2 nanosize composites by a reverse micelle and sol-gel technique. Langmuir, 1999, 15(13): 4328 - 4334.

[64] Wang W, Asher S A. Photochemical incorporation of silver quantum dos in monodisperse silica colloids for photonic crystal applications. Journal of the American Chemical Society, 2001, 123(50): 12528 - 12535.

[65] Chang S, Liu L, Asher S A. Preparation and properties of tailored

morphology, monodisperse colloidal silica-cadmium sulfide nanocomposites. Journal of the American Chemical Society, 1994, 116(15): 6739 - 6744.

[66] Dawson A, Kamat P V. Semiconductor-metal nanocomposites. Photoinduced fusion and photocatalysis of gold-capped TiO_2 (TiO_2/gold) nanoparticles. Journal of Physical Chemistry B, 2001, 105(5): 960 - 966.

[67] Oldenberg S J, Averitt R D, Westcott S L, et al. Nanoengineering of optical resonances. Chemical Physics Letters, 1998, 288(2 - 4): 243 - 247.

[68] Kobayashi Y, Salgueirino-Maceira V, Liz-Marzan L M. Deposition of silver nanoparticles on silica spheres by pretreatment steps in electroless plating. Chemistry of Materials, 2001, 13(5): 1630 - 1633.

[69] Pham T, Jackson J B, Halas N J, et al. Preparation and characterization of gold nanoshells coated with self-assembled monolayers. Langmuir, 2002, 18(12): 4915 - 4920.

[70] Pol V G, Srivastava D N, Palchik O, et al. Sonochemical deposition of silver nanoparticles on silica spheres. Langmuir, 2002, 18(8): 3352 - 3357.

[71] Zhu M W, Qian G D, Wang Z Y, et al. Fabrication of nanoscaled silica layer on the surfaces of submicron SiO_2 - Ag core-shell spheres. Materials Chemistry and Physics, 2006, 100(2 - 3): 333 - 336.

[72] Xu Z C, Hou Y L, Sun S H. Magnetic core/shell Fe_3O_4/Au and Fe_3O_4/Au/Ag nanoparticles with tunable plasmonic properties. Journal of the American Chemical Society, 2007, 129(28): 8698 - 8699.

[73] Klotz M, Ayral A, Guizard C, et al. Silica coating on colloidal maghemite particles. Journal of Colloid and Interface Science, 1999, 220(2): 357 - 361.

[74] Srinivansan S, Datye A K, Hampden-Smith M, et al. The formation of titanium oxide monolayer coatings on silica surfaces. Journal of Catalysis, 1991, 131(1): 260 - 275.

[75] Hanprasopwattana A, Srinivasan S, Sault A G, et al. Titania coatings on monodisperse silica spheres (characterization using 2-propanol dehydration and TEM). Langmuir, 1996, 12(13): 3173 - 3179.

[76] Guo X C, Dong P. Multistep coating of thick titania layers on monodisperse silica nanospheres. Langmuir, 1999, 15(17): 5535 - 5540.

[77] McHale J M, Yurekli K, Dabbs D M, et al. Metastability of spinel-type

solid solutions in the SiO_2 - Al_2O_3 system. Chemistry of Materials, 1997, 9(12): 3096 - 3100.

[78] Xia H L, Tang F Q. Surface synthesis of zinc oxide nanoparticles on silica spheres: preparation and characterization. Journal of Physical Chemistry B, 2003, 107(35): 9175 - 9178.

[79] Homola A M, Rice S L. Magnetic particle dispersions. U S Patent, 4280918. 1981 - 07 - 28.

[80] Graf C, Blaaderen A. Metallodielectric colloidal core-shell particles for photonic applications. Langmuir, 2002, 18(2): 524 - 534.

[81] Velikov K P, Van Blaaderen A. Synthesis and characterization of monodisperse core-shell colloidal spheres of zinc sulfide and silica. Langmuir, 2001, 17(16): 4779 - 4786.

[82] Bailey R E, Nie S. Alloyed semiconductor quantum dots: tuning the optical properties without changing the particle size. Journal of the American Chemical Society, 2003, 125(23): 7100 - 7106.

[83] Lu P, Teranishi T, Toshima N, et al. Polymer-protected Ni/Pd bimetallic nano-clusters: preparation, characterization and catalysis for hydrogenation of nitrobenzene. Journal of Physical Chemistry B, 1999, 103(44): 9673 - 9682.

[84] Hodak J H, Henglein A. Tuning the spectral and temporal response in PtAu core-shell nanoparticles. Journal of Chemical Physics, 2001, 114(6): 2760 - 2765.

[85] Link S, Wang Z L, El-Sayed M A. Alloy formation of gold-silver nanoparticles and the dependence of the plasmon absorption on their composition. Journal of Physical Chemistry B, 1999, 103(18): 3529 - 3533.

[86] Cao Y W, Jin R C, Mirkin C A. DNA - modified core-shell Ag/Au nanoparticles. Journal of the American Chemical Society, 2001, 123(32): 7961 - 7962.

[87] Remita S, Mostafavi M, Delcourt M O. Bimetallic Ag - Pt and Au - Pt aggregates synthesized by radiolysis. Radiation Physics and Chemistry, 1996, 47(2): 275 - 279.

[88] Cao H M, Huang G J, Xuan S F, et al. Synthesis and characterization of

carbon - coated iron core/shell nanostructures. Journal of Alloys and Compounds, 2008, 448(1 - 2): 272 - 276.

[89] Guo H X, Zhao X P, Ning G H, et al. Synthesis of Ni/polystyrene/TiO_2 multiply coated microspheres. Langmuir, 2003, 19(12): 4884 - 4888.

[90] Rhodes K H, Davis S A, Caruso F, et al. Hierarchical assembly of zeolite nanoparticles into ordered macroporous monoliths using core-shell building blocks. Chemistry of Materials, 2000, 12(1): 2832 - 2834.

[91] Shiho H, Kawahashi N. Iron compounds as coatings on polystyrene latex and as hollow spheres. Journal of Colloid and Interface Science, 2000, 226(1): 91 - 97.

[92] Barthet C, Armes S P, Lascelles S F, et al. Synthesis and characterization of micrometer-sized, polyaniline-coated polystyrene latexes. Langmuir, 1998, 14(8): 2032 - 2041.

[93] Wang J X, Wen L X, Wang Z H, et al. Facile synthesis of hollow silica nanotubes and their application as supports for immobilization of silver nanoparticles. Scripta Materialia, 2004, 51(11): 1035 - 1039.

[94] Aronson J R. Modeling the infrared reflectance and emittance of paints and coating. AD - A110824, 1982.

[95] 王自荣,余大斌,孙晓泉.红外隐身涂料颜料发射率研究.上海航天,2000,17(1): 24 - 26.

[96] 张帆,王建营,杜海燕,等.红外隐身涂料研究进展.化学与粘合,2004,(02): 28 - 30.

[97] 潘霞,王建营,孙家跃,等.红外隐身功能涂料的研究进展.国防科技,2001,171(8): 44 - 46.

[98] 董伟.Schiff 碱的合成及其红外隐身性能的研究.[硕士学位论文].南京: 南京理工大学硕士学位论文,1999.

[99] 费逸伟,黄之杰,孙元宝,等.新型热红外伪装涂料用填料中空微珠性能研究.红外技术,2003,25(3): 55 - 59.

[100] 宋兴华,於定华,马新胜,等.红外低发射率 ATO 粉末的制备及其特性研究.红外技术,2003,25(6): 49 - 53.

[101] 徐国跃,王函,翁履谦,等.纳米硫化物半导体颜料的制备及其红外发射率研究.南京航空航天大学学报,2005,37(1): 125 - 129.

[102] 武力民，李丹，游波.现代涂料配方设计.北京：化学工业出版社，2001：165.

[103] 邓安仲.低发射率伪装涂料研究.南京：解放军工程兵工程学院硕士学位论文，1990.

[104] Mario T, Roberta V. Composite with a low emissivity in the medium and far infrared, and with a low reflectivity in the visible and in the near infrared. Euro Patent, 1323844. 2003-07-02.

[105] Lung, James C Y. Edge enhancement method and apparatus for dot matrix devices. U S Patent, 5029108. 1991-07-02.

[106] 张树海，苟瑞君.隐身技术的研究进展.华北工学院学报，2002，23(2)：100-104.

[107] 钱海霞，熊惟皓.纳米复合隐身材料的研究进展.宇航材料工艺，2002，32(2)：8-11.

[108] 卢晓蓉，徐国跃，王岩.纳米 ZnO 的制备及红外发射率研究.南京航空航天大学学报，2003，35(5)：464-467.

[109] Biswas P K, De A, Pramanik N C. Effects of tin on IR reflectivity, thermal emissivity, hall mobility and plasma wavelength of sol-gel indium tin oxide films on glass. Materials Letters, 2003, 57(15): 2326-2332.

[110] Leftheriotis G, Yianoulis P. Characterisation and stability of low-emittance multiple coatings for glazing application. Solar Energy Materials and Solar Cells, 1999, 58(2): 185-197.

[111] 刘海鹰，刁训刚，杨盟，等.低红外发射率 $TiO_2/Ag/TiO_2$ 纳米多层膜研究.红外，2005，(10)：1-6.

[112] Chou K S, Lu Y C. The application of nanosized silver colloids in far infrared low-emissive coating. The Solid Films, 2007, 515(18): 7217-7221.

[113] Cao Y, Zhou Y M, Shan Y, et al. (Ti, Sn)O_2 solid solution self-aligned into "sandwich" array on grafted modification collagen matrix. Advanced Materials, 2004, 16(14): 1189-1192.

[114] Shan Y, Zhou Y M, Cao Y, et al. Preparation and infrared emissivity study of collagen-g-PMMA/In_2O_3 nanocomposite. Materials Letters, 2004, 58(10): 1655-1660.

[115] 曹勇，周钰明，单云，等.介孔二氧化硅-接枝胶原杂化材料的制备和表征.无

机化学学报,2005,21(3): 331-336.

[116] Szabo D V, Vollath D. Nonocomposites from coated nanoparticles. Advanced Materials, 1999, 11(15): 1313-1316.

[117] Ung T, Liz-Marzan L M, Mulvaney P. Controlled method for silica coating of silver colloids. Influence of coating on the rate of chemical reactions. Langmuir, 1998, 14(14): 3740-3748.

[118] Ung T, Liz-Marzan L M, Mulvaney P. Redox catalysis using Ag@SiO_2 colloids. Journal of Physical Chemistry B, 1999, 103(32): 6770-6773.

[119] Pastoriza-Santos I, Koktysh D S, Mamedov A A, et al. One-pot synthesis of Ag@TiO_2 core-shell nanoparticles and their layer-by-layer assembly. Langmuir, 2000, 16(6): 2731-2735.

[120] Yin Y, Lu Y, Sun Y, et al. Silver nanowires can be directly coated with amorphous silica to generate well-controlled coaxial nanocables of silver/silica. Nano Letters, 2002, 2(4): 427-430.

[121] Wu M M, Long J B, Huang A H, et al. Microemulsion-mediated hydrothermal synthesis and characterization of nanosize rutile and anatase particles. Langmuir, 1999, 15(26): 8822-8825.

[122] Underwood S, Mulvaney P. Effect of the solution refractive index on the color of gold colloids. Langmuir, 1994, 10(10): 3427-3430.

[123] Li X L, Zhang J H, Xu W Q, et al. Mercaptoacetic acid-capped silver nanoparticles colloid: formation, morphology, and SERS activity. Langmuir, 2003, 19(10): 4285-4290.

[124] Jing L Q, Sun X J, Cai W M, et al. The preparation and characterization of nanoparticle TiO_2/Ti films and their photocatalytic activity. Journal of Physics and Chemistry of Solids, 2003, 64(4): 615-623.

[125] Link S, El-Sayed M A. Spectral properties and relaxation dynamics of surface Plasmon electronic oscillations in gold and silver nanodots and nanorods. Journal of Physical Chemistry B, 1999, 103(40): 8410-8426.

[126] 孙艳青,周钰明.胶原/TiO_2纳米复合红外低发射率材料的制备与表征.无机材料学报,2007,22(2): 227-231.

[127] Andersson S K, Staaf O, Olsson P O, et al. Infrared properties of β-sialon as a function of composition. Optical Materials, 1998, 10(1):

85 - 93.

[128] Xia Y, Gates B, Li Z Y. Self-assembly approaches to three-dimensional photonic crystals. Advanced Materials, 2001, 13(6): 409 - 413.

[129] Holtz J H, Asher S A. Polymerized colloidal crystal hydrogel films as intelligent chemical sensing materials. Nature, 1997, 389 (6653): 829 - 832.

[130] Zakhidov A A, Baughman R H, Iqbal Z, et al. Carbon structures with three-dimensional periodicity at optical wavelengths. Science, 1998, 282 (5390): 897 - 901.

[131] Mayoral R, Reqvena J, Moya J S, et al. 3D long-range ordering in an SiO_2 submicrometer-sphere sintered superstructure. Advanced Materials, 1997, 9(3): 257 - 260.

[132] Sunkara H B, Jethmalani J M, Ford W T. Composite of colloidal crystals of silica in poly(methyl methacrylate). Chemistry of Materials, 1994, 6(4): 362 - 364.

[133] Dimitrov A S, Nagayama K. Continuous convective assembling of fine particles into two-dimensional arrays on solid surfaces. Langmuir, 1996, 12(5): 1303 - 1311.

[134] Percy M J, Michailidou V, Armes S P. Synthesis of vinyl polymer-silica colloidal nanocomposites via aqueous dispersion polymerization. Langmuir, 2003, 19(6): 2072 - 2079.

[135] Reculusa S, Poncet-Legrand C, Ravaine S, et al. Syntheses of raspberrylike silica/polystyrene materials. Chemistry of Materials, 2002, 14 (5): 2354 - 2359.

[136] Caruso R A, Antonietti M. Sol-gel nanocoating: an approach to the preparation of structured materials. Chemistry of Materials, 2001, 13(10): 3272 - 3282.

[137] Pol V G, Gedanken A, Calderon-Moreno J. Deposition of gold nanoparticles on silica spheres: a sonochemical approach. Chemistry of Materials, 2003, 15(5): 1111 - 1118.

[138] Guo H X, Zhao X P, Guo H L, et al. Preparation of porous SiO_2/Ni/TiO_2 multicoated microspheres responsive to electric and magnetic fields.

Langmuir，2003，19(23)：9799－9803.

[139] Zhang Z T，Zhao B，Hu L M. PVP protective mechanism of ultrafine silver powder synthesized by chemical reduction processes. Journal of Solid State Chemistry，1996，121(1)：105－110.

[140] Jackson J B，Halas N J. Silver nanoshells：variations in morphologies and optical properties. Journal of Physical Chemistry B，2001，105(14)：2743－2746.

[141] Link S，El-Sayed M A. Spectral properties and relaxation dynamics of surface Plasmon electronic oscillations in gold and silver nanodots and nanorods. Journal of Physical Chemistry B，1999，103(40)：8410－8426.

[142] Jiang Z J，Liu C Y. Seed-mediated growth technique for the preparation of a silver nanoshell on a silica sphere. Journal of Physical Chemistry B，2003，107(45)：12411－12415.

[143] Averitt R D，Sarkar D，Halas N J. Plasmon resonance shifts of Au-coated $A_{u2}S$ nanoshells：insight into multicomponent nanoparticle growth. Physical Review Letters，1997，78(22)：4217－4220.

[144] Schierhorn M，Liz-Marzan L M. Synthesis of bimetallic colloids with tailored intermetallic separation. Nano Letters，2002，2(1)：13－16.

[145] Jongsomjit B，Kittiruangrayub S，Praserthdam P. Study of cobalt dispersion onto the mixed nano－SiO_2－ZrO_2 supports and its application as a catalytic phase. Materials Chemistry and Physics，2007，105(1)：14－19.

[146] Zhai J，Tao X，Pu Y，et al. Core/shell structured ZnO/SiO_2 nanoparticles：preparation，characterization and photocatalytic property. Applied Surface Science，2010，257(2)：393－397.

[147] Fidalgo A，Ciriminna R，Iharco L M，et al. Role of the alkyl-alkoxide precursor on the structure and catalytic properties of hybrid sol-gel catalysts. Chemistry of Materials，2005，17(26)：6686－6694.

[148] Koo Y，Littlejohn G，Collins B，et al. Synthesis and characterization of Ag－TiO_2－CNT nanoparticle composites with high photocatalytic activity under artificial light. Composites：Part B，2014，57：105－111.

[149] Resende S F，Nunes E H M，Houmard M，et al. Simple sol-gel process to obtain silica-coated anatase particles with enhanced TiO_2－SiO_2 interfacial

area. Journal of Colloid and Interface Science, 2014, 433: 211 - 217.

[150] Balachandran U, Eror N G. Laser-induced vapour-phase synthesis of titanium dioxide. Journal of Solid State Chemistry, 1982, 42(3): 276 - 282.

[151] Xu C Y, Zhang P X, Yan L. Blue shift of Raman peak from coated TiO_2 nanoparticles. Journal of Raman Specroscopy, 2001, 32(10): 862 - 865.

[152] Davis R J, Liu Z. Titania-silica: a model binary oxide catalyst system. Chemistry of Materials, 1997, 9(11): 2311 - 2324.

[153] Navio J A, Hidalgo M C, Colon G, et al. Preparation and physicochemical properties of ZrO_2 and Fe/ZrO_2 prepared by a sol-gel technique. Langmuir, 2001, 17(1): 202 - 210.

[154] Liang J H, Deng Z X, Jiang X, et al. Photoluminescence of tetragonal ZrO_2 nanoparticles synthesized by microwave irradiation. Inorganic Chemistry, 2002, 41(14): 3602 - 3604.

[155] Xie S B, Iglesia E, Bell A T. Water-assisted tetragonal-to-monoclinic phase transformation of ZrO_2 at low temperatures. Chemistry of Materials, 2000, 12(8): 2442 - 2447.

[156] Kurudirek S V, Pradel K C, Summers C J. Low-temperature hydrothermally grown 100 μm vertically well-aligned ultralong and ultradense ZnO nanorod arrays with improved PL property. Journal of Alloys and Compounds, 2017, 702: 700 - 709.

[157] Zhang N, Li B, Li S, et al. Graphene-supported mesoporous titania nanosheets for efficient photodegradation. Journal of Colloid and Interface Science, 2017, 505: 711 - 718.

[158] Alvi M A, Al-Ghamdi A A, ShaheerAkhtar M. Synthesis of ZnO nanostructures via low temperature solution process for photocatalytic degradation of rhodamine B dye. Materials Letters, 2017, 204: 12 - 15.

[159] Hu J Q, Bando Y. Growth and optical properties of single-crystal tubular ZnO whiskers. Applied Physics Letters, 2003, 82(9): 1401 - 1403.

[160] Yan H Q, He R, Johnson J, et al. Dendritic nanowire ultraviolet laser array. Journal of the American Chemical Society, 2003, 125(16): 4728 - 4729.

[161] Wang Y D, Zhang S, Ma C L, et al. Synthesis and room temperature photoluminescence of ZnO/CTAB ordered layered nanocomposite with flake-like architecture. Journal of Luminescence, 2007, 126(2): 661－664.

[162] Zhang J, Sun L D, Yin J L, et al. Control of ZnO morphology via a simple solution route. Chemistry of Materials, 2002, 14(10): 4172－4177.

[163] Zhang H, Yang D, Ji Y J, et al. Low temperature synthesis of flowerlike ZnO nanostructures by cetyltrimethylammonium bromide-assisted hydrothermal process. Journal of Physical Chemistry B, 2004, 108(13): 3955－3958.

[164] Mu G J, Gudavarthy R V, Kulp E A, et al. Tilted epitaxial ZnO nanospears on Si (001) by chemical bath deposition. Chemistry of Materials, 2009, 21(17): 3960－3964.

[165] Liz-Marzan L M. Tailoring surface plasmons through the morphology and assembly of metal nanoparticles. Langmuir, 2006, 22(1): 32－41.

[166] Ando K, Saito H, Jin Z W, et al. Magneto-optical properties of ZnO－based diluted magnetic semiconductors. Journal of Applied Physics, 2001, 89(11): 7284－7286.

[167] Wei M, Zhi D, MacManus-Driscoll J L. Morphology and magnetic properties of cobalt-doped ZnO nanostructures deposited by ultrasonic spray assisted chemical vapour deposition. Scripta Materialia, 2006, 54(5): 817－821.

[168] Nersisyan H H, Lee J H, Son H T, et al. A new and effective chemical reduction method for preparation of nanosized silver powder and colloid dispersion. Materials Research Bulletin, 2003, 38(6): 949－956.

[169] Li X L, Zhang J H, Xu W Q, et al. Mercaptoacetic acid-capped silver nanoparticles colloid: formation, morphology, and SERS activity. Langmuir, 2003, 19(10): 4285－4290.

[170] Xu C X, Sun X W, Zhang X H. Photoluminescent properties of copper-doped zinc oxide nanowires. Nanotechnology, 2004, 15(7): 856－861.

[171] Pachauri V, Subramaniam C, Pradeep T. Novel ZnO nanostructures over gold and silver nanoparticle assemblies. Chemical Physics Letters, 2006, 423(1－3): 240－246.

[172] Alim K A, Fonoberov V A, Balandin A A. Origin of the optical phonon

frequency shifts in ZnO quantum dots. Applied Physics Letters, 2005, 86(5): 1-3.

[173] Bundesmann C, Ashkenov N, Schubert M, et al. Raman scattering in ZnO thin films doped with Fe, Sb, Al, Ga, and Li. Applied Physics Letters, 2003, 83(10): 1974-1976.

[174] Laudise R A, Ballman A A. Hydrothermal synthesis of zinc oxide and zinc sulfide. Journal of Physical Chemistry, 1960, 64(5): 688-691.

[175] Zhang H, Yang D, Ji Y J, et al. Low temperature synthesis of flowerlike ZnO nanostructures by cetyltrimethylammonium bromide-assisted hydrothermal process. Journal of Physical Chemistry B, 2004, 108(13): 3955-3958.

[176] Zhang Y Y, Mu J. One-pot synthesis, photoluminescence, and photocatalysis of Ag/ZnO composites. Journal of Colloid and Interface Science, 2007, 309: 478-484.

[177] Vacca P, Nenna G, Miscioscia R, et al. Patterned organic and inorganic composites for electronic applications. Journal of Physical Chemstry C, 2009, 113(14): 5777-5783.

[178] Kickelbick G. Concepts for the incorporation of inorganic building blocks into organic polymers on a nanoscale. Progress in Polymer Science, 2003, 28(1): 83-114.

[179] Kondo A, Urabe T, Yoshinaga K. Adsorption activity and conformation of α-amylase on various ultrafine silica particles modified with polymer silane coupling agents. Colloids and Surfaces A, 1996, 109(20): 129-136.

[180] Yonezawa T, Onoue S, Kimizuka N. Formation of uniform fluorinated gold nanoparticles and their highly ordered hexagonally packed monolayer. Langumuir, 2001, 17(8): 2291-2293.

[181] Reif J H, Seeman N C. Logical computation using algorithmic self-assembly of DNA triple-crossover molecules. Nature, 2003, 407(6803): 493-496.

[182] Acharya G, Kunitake T. A general method for fabrication of biocompatible surfaces by modification with titania layer. Langumuir, 2003, 19(6): 2260-2266.

[183] Euliss L E, Grancharov S G, O'brien S, et al. Cooperative assembly of

magnetic nanoparticles and block copolypeptides in aqueous media. Nano Letters, 2003, 3(11): 1489 - 1493.

[184] Taton T A, Mucic R C, Mirkin C A, et al. The DNA - mediated formation of supramolecular mono- and multilayered nanoparticle structures. Journal of the American Chemical Society, 2000, 122(26): 6305 - 6306.

[185] Fields C G, Lovdahl C M, Miles A J, et al. Solid-phase synthesis and stability of triple-helical peptides incorporating native collagen sequences. Biopolymers, 1993, 33(11): 1695 - 1707.

[186] Boal A K, Llhan F, De Rouchey J E, et al. Self-assembly of nanoparticles into structured spherical and network aggregates. Nature, 2000, 404 (6779): 746 - 748.

[187] Chang M C, Tanaka J. FT - IR study for hydroxyapatite/collagen nanocomposite cross-linked by glutaraldehyde. Biomaterials, 2002, 23(24): 4811 - 4818.

[188] Wang L M, Chen D J. An one-pot approach to the preparation of silver - PMMA "shell-core" nanocomposite. Colloid and Polymer Science, 2006, 284(4): 449 - 454.

[189] Moreira A C F, Oliveira M G, Soares B G. Thermal degradation studies of poly(EVAL-g-methyl methacrylate). Polymer Degradation and Stability, 1997, 58(1 - 2): 181 - 185.

[190] Nomura Y, Toki S, Ishii Y, et al. The physicochemical property of shark type Ⅰ collagen gel and membrane. Journal of Agricultural and Food Chemistry, 2000, 48(6): 2028 - 2032.

[191] Canché-Escamilla G, Duarte-Aranda S, Toledano M. Synthesis and characterization of hybrid silica/PMMA nanoparticles and their use as filler in dental composites. Materials Science and Engineering C, 2014, 42: 161 - 167.